*Sxi – Springer per l'Innovazione*

*Sxi – Springer for Innovation*

Volume 9

For further volumes:
http://www.springer.com/series/10062

Andrea Ceron • Luigi Curini • Stefano M. Iacus

# Social Media e Sentiment Analysis

L'evoluzione dei fenomeni sociali attraverso la Rete

Andrea Ceron
Dipartimento di Scienze Sociali
e Politiche
Università degli Studi di Milano
Milano, Italia

Luigi Curini
Dipartimento di Scienze Sociali
e Politiche
Università degli Studi di Milano
Milano, Italia

Stefano M. Iacus
Dipartimento di Economia,
Management e Metodi Quantitativi
Università degli Studi di Milano
Milano, Italia

*Sxi – Springer per l'Innovazione / Sxi – Springer for Innovation*
ISSN: 2239-2688              ISSN: 2239-2696 (electronic)
ISBN 978-88-470-5531-5       ISBN 978-88-470-5532-2 (eBook)
DOI 10.1007/978-88-470-5532-2
Springer Milan Heidelberg New York Dordrecht London

© Springer-Verlag Italia 2014
Quest'opera è protetta dalla legge sul diritto d'autore e la sua riproduzione anche parziale è ammessa esclusivamente nei limiti della stessa. Tutti i diritti, in particolare i diritti di traduzione, ristampa, riutilizzo di illustrazioni, recitazione, trasmissione radiotelevisiva, riproduzione su microfilm o altri supporti, inclusione in database o software, adattamento elettronico, o con altri mezzi oggi conosciuti o sviluppati in futuro, rimangono riservati. Sono esclusi brevi stralci utilizzati a fini didattici e materiale fornito ad uso esclusivo dell'acquirente dell'opera per utilizzazione su computer. I permessi di riproduzione devono essere autorizzati da Springer e possono essere richiesti attraverso RightsLink (Copyright Clearance Center). La violazione delle norme comporta le sanzioni previste dalla legge.
Le fotocopie per uso personale possono essere effettuate nei limiti del 15% di ciascun volume dietro pagamento alla SIAE del compenso previsto dalla legge, mentre quelle per finalità di carattere professionale, economico o commerciale possono essere effettuate a seguito di specifica autorizzazione rilasciata da CLEARedi, Centro Licenze e Autorizzazioni per le Riproduzioni Editoriali, e-mail autorizzazioni@clearedi.org e sito web www.clearedi.org.
L'utilizzo in questa pubblicazione di denominazioni generiche, nomi commerciali, marchi registrati, ecc., anche se non specificatamente identificati, non implica che tali denominazioni o marchi non siano protetti dalle relative leggi e regolamenti.
Le informazioni contenute nel libro sono da ritenersi veritiere ed esatte al momento della pubblicazione; tuttavia, gli autori, i curatori e l'editore declinano ogni responsabilità legale per qualsiasi involontario errore od omissione. L'editore non può quindi fornire alcuna garanzia circa i contenuti dell'opera.

9 8 7 6 5 4 3 2 1

Layout copertina: Beatrice В, Milano
Impaginazione: PTP-Berlin, Protago TEX-Production GmbH, Germany (www.ptp-berlin.eu)
Stampa: Grafiche Porpora, Segrate (MI)

Springer-Verlag Italia S.r.l., Via Decembrio 28, I-20137 Milano
Springer-Verlag fa parte di Springer Science+Business Media (www.springer.com)

# Presentazioni

Se proprio non ci fossero altri buoni motivi per leggere questo volume, mi basterebbe il fatto che vi sono citati due tra i romanzi con cui sono cresciuto: la *Trilogia della Fondazione*[1] di Isaac Asimov (che aveva immaginato una scienza, la psicostoria, in grado di prevedere il futuro a patto di poter esaminare il comportamento di un numero sufficientemente grande di persone), e *Guida galattica per gli autostoppisti* di Douglas Adams. Ci fosse stato anche il *Doctor Who*, ne avrei proposto l'adozione nella scuola dell'obbligo.

In realtà (e per fortuna per voi che lo avete in mano) di ragioni di lettura ve ne sono molte. Anche se la politica e l'informazione italiana per la maggior parte non se ne sono accorte, viviamo in un'epoca in cui la distinzione tra reale e virtuale non esiste più. L'utilizzo della Rete è abitudine per metà del paese, mentre sono circa 17 milioni i connazionali che ogni giorno lavorano, si innamorano, si relazionano, concludono transazioni commerciali attraverso i social network, primo tra tutti Facebook. Siamo circondati da dispositivi connessi e geolocalizzati: gli smartphone, i portatili, i tablet, le automobili, i bancomat, gli autobus, le videocamere di sorveglianza, i caselli autostradali, gli oggetti di vita quotidiana. Una tendenza destinata crescere in modo esponenziale: tra sette anni vi saranno dieci dispositivi collegati a internet per ogni individuo del pianeta[2]. Il digitale dunque non è *second life*, così si chiamava un ambiente di realtà virtuale che ebbe qualche fortuna anni fa, ma vita vera. È ormai intrecciato in modo indissolubile con le nostre abitudini, alle quali aggiunge nuove dimensioni di profondità.

---

[1] In realtà Asimov non solo si appassionò alla previsione della storia, ma si applicò anche alla ricerca sociale in politica. In un racconto del 1955, "Franchise" (http://www.scribd.com/doc/23542910/Asimov-Isaac-The-Complete-Stories-Volume-1), in italiano "Diritto di voto", arriva a immaginare un sistema di previsione delle intenzioni elettorali talmente evoluto da essere in grado di selezionare un solo individuo, tra tutti gli americani, che riassume in sé caratteri, personalità, volontà dell'intero elettorato, e dunque alle presidenziali vota per tutti. Curiosamente, lo scrittore di fantascienza situa la storia nel novembre del 2008, ovvero in corrispondenza con le elezioni presidenziali che hanno consacrato Barack Obama, al termine della prima campagna svoltasi in modo massiccio anche attraverso internet.

[2] Morgan Stanley prevede che nel 2020 ci saranno oltre 75 miliardi di dispositivi connessi a internet, mentre le popolazione stimata sarà di 8 miliardi di persone. http://www.businessinsider.com/75-billion-devices-will-be-connected-to-the-internet-by-2020-2013-10.

Come mi raccontava Nathan Jurgenson[3] di recente, "il web, il digitale, gli smartphone, Facebook e tutto il resto sono fortemente materiali e fisici [...]. La finzione dell'online come virtuale serve solo a contrapporgli un presunto reale "naturale", come ideale di vita vera, disconnessa. Un'ideale irraggiungibile, conservatore e che in ultima analisi serve solo a disumanizzare quanti sono immersi nella dimensione aumentata della realtà contemporanea".

I dati sono il petrolio del XXI secolo. Ciò porta con sé nuovi problemi, come nota Evgeny Morozov[4] riferendosi alla presunta gratuità di molti servizi del social web, dallo spazio disco alla posta elettronica, dalla videocomunicazione ai servizi di condivisione di video e foto: "Se una prestazione che ha un costo ti viene fornita gratis, allora è meglio che ti preoccupi: significa che la merce sei tu". Temi che nei prossimi anni porteranno alla necessità di ridefinire criteri di consumo consapevole per il digitale, come accadde nel XX secolo quando, per far fronte all'inquinamento, furono introdotti comportamenti di sostenibilità ambientale oggi scontati. A ciò si aggiungono allarmi per la privacy, sia per la sindrome del Grande Fratello cui lo scandalo Nsa-Prism ha conferito nuova concretezza, sia per i fratellini che ogni giorno utilizzano i nostri dati a nostra insaputa.

Tuttavia, il monitoraggio della Rete in modo aggregato attraverso i big data forniti dai social network fornisce un'opportunità straordinaria alla ricerca sociale: il *nowcasting*,[5] in altre parole la rilevazione del presente, e la previsione del futuro. Quale sia il valore dei dati raccolti lo comprendono a pieno gli stessi social network: Twitter, ad esempio, consente pieno accesso ai propri dati solo a un club esclusivo di quattro aziende, che rivendono informazioni e servizi a caro prezzo. Ha osservato Carola Frediani: "Chi può salvare i contenuti dei tweet non ha in mano solo un modello di business, ma anche una nuova forma di potere".[6] Come leggerete nei capitoli che seguono, attraverso l'analisi dei tweet si cercano oggi di prevedere i fenomeni più diversi: l'atteggiamento dei consumatori verso le aziende, il diffondersi delle malattie, la vittoria a Sanremo e nei talent televisivi, l'andamento dei mercati finanziari, il risultato delle elezioni, la felicità degli italiani.

Va detto che si tratta di scienza nella primissima infanzia e che molti studiosi ritengono non vi siano ancora certezze sufficienti. A questo proposito valga citare tra tutti il paper accademico di Daniel Gayo-Avello, dell'Università di Oviedo, dall'eloquente titolo "I Wanted to Predict Elections with Twitter and all I got was this Lousy Paper".[7] Richard Rogers,[8] al quale poche settimane prima dell'uscita di questo volume avevo chiesto un parere in proposito, mi ha risposto di ritenere che

---

[3] Sociologo, teorico dei social media, contributing editor di "New Inquiry" (http://nathanjurgenson.tumblr.com/).

[4] Per una critica ai social network e al loro impianto economico vedi anche Andrew Keen (http://ajkeen.com/) e Michel Bauwens (http://p2pfoundation.net/Michel_Bauwens/Full_Bio).

[5] A questo proposito vedi Choi, Varian (http://www.frbsf.org/economic-research/files/Varian-part_1.pdf).

[6] In "Twitter, rivendite autorizzate", Wired Italia, settembre 2013, pp. 100 e ss.

[7] Il titolo fa il verso alle magliette souvenir con la scritta "I miei genitori sono stati in vacanza a ... e tutto quel che mi hanno portato è questa maglietta schifosa". http://arxiv.org/pdf/1204.6441.pdf.

[8] Cattedratico di Nuovi Media e Cultura Digitale all'Università di Amsterdam http://www.uva.nl/over-de-uva/organisatie/medewerkers/content/r/o/r.a.rogers/r.a.rogers.html.

esistano ancora due problemi significativi nell'uso di Twitter per i sondaggi politici: "Che cosa si possa veramente intendere su Twitter per voto, e quali possano essere i termini reali di paragone delle nostre osservazioni".

In questo libro il merito di Ceron, Curini e Iacus è di non nascondere le difficoltà di interpretare i sentiment attraverso i tweet, ma di cercare di spiegare, oltre alla teoria, anche gli strumenti pratici con i quali hanno provato a venirne a capo. E i risultati ottenuti con le previsioni sulle primarie nel Pd o con le percentuali del M5S alle Politiche del 2013 parlano a loro favore. Nessuno di noi a Wired li prese sul serio quando gli autori ci comunicarono che secondo loro il movimento sarebbe arrivato oltre il 20%, mentre gli altri istituti di ricerca davano percentuali molto più basse. Come sia andata lo sappiamo.

Infine, un ulteriore motivo di attenzione per questo volume è che vi si racconta di un'area di studi innovativi oggi trasformata in un'impresa. Voices from the blogs è una Srl, spin off dell'Università di Milano. Raro che l'accademia diventi azienda, in Italia.

Ci saranno sempre eventi che sfuggono alla prevedibilità, come immaginava Asimov con la sua psicostoria e come riconoscono gli autori, consapevoli dei limiti odierni di questa disciplina. "Don't panic": non facciamoci prendere dal panico, consigliava Adams agli autostoppisti galattici. Ci saranno nuove tecniche da sperimentare per affinare i risultati delle previsioni, nuove aziende e professioni da inventare per cogliere altrettante opportunità, nuovi libri da scrivere. Se saranno come questo, sarà piacevole leggerli.

Massimo Russo
Direttore di Wired Italia

Lo scorso febbraio stavo attraversando, in treno, le pianure innevate dell'Emilia-Romagna e della Lombardia, per partecipare ad una conferenza sui social media che si sarebbe svolta a Milano. Solo un giorno prima, al Campus della New York University a Firenze, avevo partecipato ad una serie di dibattiti sulle elezioni presidenziali statunitensi in cui esprimevo il mio pensiero rispetto al ruolo crescente dei social media nella politica americana.

Il mio intervento, almeno così mi auguro, ha fornito interessanti spunti di riflessione, ma l'aspetto che ha suscitato in me il maggior interesse è stato sicuramente il lavoro di Voices from the Blogs (VfB). Questo gruppo di ricerca ha costruito e sviluppato un metodo di sentiment analysis delle informazioni postate sulla Rete, in grado di prevedere in modo sorprendente, tra l'altro, i risultati delle elezioni.

In quegli stessi giorni la campagna elettorale italiana si avviava alla sua conclusione, e le leggi italiane vietavano ai fondatori di VfB la pubblicazione delle loro stime di voto. Ho avuto modo di vedere i loro dati e di confrontarli, ad urne chiuse, con i voti reali. Il processo elettorale italiano è a dir poco labirintico, ma nonostante questo le previsioni di VfB sono state straordinariamente vicine ai risultati delle elezioni per la Camera dei Deputati.

Personalmente, in quanto americano, ero ancora più stupito dalla performance di VfB nel prevedere l'esito della sfida Obama-Romney. La notte prima del voto Usa, il blog di VfB ha pubblicato le stime realizzate attraverso questa metodologia di previsione basata su Twitter, pronosticando una vittoria del presidente uscente con un margine del 3,5% nel voto popolare. Il distacco effettivo fu di 3,9 punti. La media dei sondaggi realizzata da Real Clear Politics invece prevedeva una sottilissima vittoria di Obama, con un vantaggio dello 0,7%. Se Mitt Romney avesse prestato attenzione a Voices from the Blogs non sarebbe rimasto così sconcertato dall'esito del voto.

Questa tecnica di analisi è solo una delle ultime rivoluzioni nel rapporto tra politica e social media, che si è avviato negli Stati Uniti e da lì ha contagiato altri paesi tanto da permettere a movimenti di protesta come quello promosso da Beppe Grillo di rafforzarsi fino ad ottenere il 25% dei voti. Ironia della sorte, la rivoluzione del web non ha portato alcun beneficio ad Al Gore che, a dispetto della caricatura che ne fanno i media, introdusse la legislazione che avviò la commercializzazione della tecnologia DARPA al Dipartimento della Difesa Usa, tecnologia che ci ha consentito di avere accesso ad Internet.

Nel 2004 i social media hanno permesso a Howard Dean di raccogliere 40 milioni di dollari già prima del caucus dell'Iowa, che rappresentava il primo grande evento nella corsa delle primarie. Successivamente, lo staff che organizzò la campagna presidenziale di Kerry trasse ispirazione da questo strumento e infatti l'utilizzo dei social media giocò un ruolo cruciale nella raccolta fondi, permettendo a John Kerry di incassare circa 250 milioni di dollari prima ancora che la convention del Partito Democratico ufficializzasse la sua nomination, il che è stupefacente, perché garantì a Kerry la possibilità di essere competitivo con Bush dal punto di vista dei finanziamenti raccolti, almeno fino al momento della convention. Alla luce di questo, Kerry stesso ha ammesso l'errore, forse decisivo, di non aver fatto ricorso ai social media per finanziare anche la fase finale della campagna elettorale, rinunciando di fatto alla possibilità di raccogliere centinaia di milioni di dollari attraverso i canali social.

Obama non ripeté lo stesso errore nel 2008, e fu in grado, proprio grazie a questo, di battere John McCain in termini di raccolta fondi, sopravanzandolo di quasi 300 milioni di dollari. Ma nel 2008 l'utilizzo dei social media non si limitò alla funzione di raccolta fondi. Al contrario, i social media divennero il canale per una comunicazione a "doppio senso", sia bottom-up che top-down, tra lo staff della campagna e gli elettori. Nel 2012 i canali di comunicazione "non-tradizionali" hanno permesso a Obama di effettuare il cosiddetto "micro-targeting", sviluppando la più imponente ed efficiente operazione mai condotta, per convincere e mobilitare l'elettorato prima del voto. La combinazione tra campagna sul territorio e sui social media ha poi fatto la differenza. Romney, al contrario, scelse di contattare il proprio elettorato attraverso un network (chiamato "the Whale") basato sulla telefonia cellulare, network che però è collassato proprio nel momento più importante: nel giorno delle elezioni.

Questo libro affronta tutta un'altra serie di promettenti sviluppi nel campo dei social media. Le analisi di VfB, effettuate via Twitter, sono in grado di predire il risultato di un'elezione. Ma si tratta solo di questo? O invece questo strumento può essere utilizzato per effettuare una sorta di "diagnostica" delle strategie elettorali, permettendo così di modificare, smussare e indirizzare i messaggi della campagna, alterando in questo modo l'esito della sfida? Per il futuro mi aspetto esattamente che accada questo, e molto altro.

Esistono già applicazioni commerciali che utilizzano tecniche simili a quelle impiegate dal gruppo di Voices from the Blogs (ma non sono sicuro, in realtà, che ci sia bisogno di VfB per scoprire che i passeggeri hanno un'immagine più negativa, ad esempio, di Alitalia dopo aver utilizzato il servizio).

Riguardo alle campagne elettorali invece è tutta un'altra storia. Gli analisti e gli staff della campagna hanno una sete inesauribile di nuovi metodi utili a studiare, raggiungere, persuadere e mobilitare l'elettorato. La tecnologia non rimpiazzerà mai il messaggio, ma può indirizzarlo, amplificarlo, personalizzarlo. Le tecnica che VfB ha sviluppato sarà utilizzata ed applicata in modi nuovi e diversi, e presto o tardi permetterà ai candidati di scoprire non tanto se sono in testa nelle intenzioni di voto, ma piuttosto cosa fare per riuscire a vincere.

Robert Shrum
Senior Fellow e Clinical Professor
presso la Robert F. Wagner School of Public Service della New York University

# Prefazione

*"Quarantadue!" urlò Loonquawl.*
*"Questo è tutto ciò che sai dire dopo un lavoro di sette milioni e mezzo di anni?"*
*"Ho controllato molto approfonditamente" disse il computer, "e questa è*
*sicuramente la risposta.*
*Ad essere sinceri, penso che il problema sia che voi non abbiate mai saputo*
*veramente qual è la domanda"*
Douglas Noël Adams, Guida galattica per gli autostoppisti

La grande diffusione dei social media ed il loro ruolo nelle società contemporanee, rappresentano una delle novità più interessanti di questi ultimi anni, tanto da aver catturato l'interesse di ricercatori, giornalisti, imprese, movimenti e governi. La crescita della facilità di accesso alle informazioni che la rete permette e l'opportunità potenziale di comunicare con una vasta platea ad un costo praticamente nullo viene interpretata spesso come un passo verso una democratizzazione del discorso pubblico.[1] Questo, ovviamente, non significa trascurare gli squilibri intrinseci che i nuovi media portano con sé – come evidenziato ad esempio dalla distribuzione a legge di potenza (o distribuzione *power-law*) della rete, in cui ad un numero contenuto di siti o utenti che ricevono moltissime visite, fa da contraltare una vasta maggioranza di altri siti o utenti con un numero di lettori estremamente limitato.[2] Detto questo, però, la densa interconnessione che spesso si crea tra chi è attivo in rete genera uno spazio di discussione che è in grado di motivare e coinvolgere gli individui in una più ampia agorà, collegando tra di loro persone con obiettivi comuni e facilitando così forme disparate di azione collettiva.[3] Questo, a sua volta, dà vita a ciò che viene definito "individualismo in rete"[4]: invece di contare sempre su una singola comunità di riferimento, grazie ad internet e, soprattutto, ai social media, diventa oggi possibile muoversi tra più persone e risorse, spesso eterogenee tra di loro, a seconda

---

[1] Farrell H (2012) The Internet's Consequences for Politics. Annual Review of Political Science 15:35–52.
[2] Adamic LA, Huberman BA (2000) Power-Law Distribution of the World Wide Web. Science 287(5461):2115. URL: http://www.sciencemag.org/content/287/5461/2115.full.
[3] Valenzuela S, Park N, Kee KF (2009) Is there social capital in a social network site? Facebook use, and college students' life satisfaction, trust, and participation. Journal of Computer-Mediated Communication 14(4):875–901.
[4] Wellman B (2001) Physical Place and Cyber Place: The Rise of Networked Individualism. International Journal of Urban and Regional Research 25(2):227–252.

delle situazioni via via sostenute dal singolo utente, selezionando quelle più adatte a risolvere particolari esigenze o ad approfondire determinati interessi.

Pur con tutte le cautele necessarie, sembra dunque che i social media stiano dando vita ad una rivoluzione digitale. E l'aspetto più interessante di questo cambiamento non è tanto (o unicamente) legato alle possibilità di favorire partecipazione politica e attivismo, come da più parti viene sostenuto. La vera *social revolution* è quella che investe le vite di ogni singolo individuo. È la libertà di esprimersi, di avere uno spazio proprio in cui essere sé stessi, o ciò che si vorrebbe essere, con pochi limiti e barriere. La rivoluzione dei social media è allora quella di poter raccontare le proprie emozioni ed opinioni non solo a sé stessi, quanto, e soprattutto, a chi ci circonda, interagendo con loro, aprendo reciprocamente una finestra sui rispettivi mondi, curiosando con occhio più o meno indiscreto sulle *vite degli altri*.

E tutto questo accade, paradossalmente, mentre viviamo in una società in cui si fatica sempre più a conoscere i nomi dei vicini di casa, e in cui il diritto alla privacy diventa un imperativo a cui sottostare, salvo poi comunicare a tutto il mondo (rigorosamente on-line) qualunque cosa: amori, delitti, giorni indimenticabili e fallimenti quotidiani. Perché in effetti sui social media (o, meglio, su quei social media che sono anche social network, come vedremo) si finisce per raccontare tutta (o quasi) la propria vita: dalla felicità per la nascita di un figlio, alla rabbia per un treno in ritardo, dallo shopping pre-natalizio alla scelta di voto fatta nel *segreto* della cabina elettorale.

Non c'è allora da stupirsi se da più parti si sia incominciato a discutere delle modalità attraverso cui utilizzare al meglio questo *mare magnum* di informazioni. Perché i dati presenti in rete, se opportunamente raccolti e analizzati, permettono non solo di capire e spiegare molti fenomeni sociali complessi, ma anche, e persino, di prevederli. La previsione, sia quella fatta in tempo reale che quella relativa ad eventi futuri, è in effetti una delle frontiere più seducenti del mondo *social*.

E così, secondo alcuni, acquista senso l'idea di concepire i social media come una pluralità di "antenne" interconnesse tra di loro, che agiscono come una sorta di "cervello collettivo" in grado di cogliere, a volte meglio di altre alternative, i trend che si dipanano continuamente intorno a noi. Una proprietà emergente di un vero e proprio sistema complesso,[5] che nasce dall'aggregazione di tutte le sue componenti, invece che essere riconducibile ad una sola singola parte.

Nel Cap. 1 partiremo proprio da questo aspetto. Dopo aver discusso brevemente le caratteristiche e dato qualche cifra in merito alla diffusione dei social media in Italia e nel mondo, riassumeremo alcune aree di analisi per concentrarci poi su una rassegna dei più interessanti esempi di previsione fatti utilizzando i social media, spaziando dall'economia alla epidemiologia, dal marketing alla politica.

Nel Cap. 2 effettueremo il passo successivo, discutendo più in dettaglio delle diverse tecniche utilizzate finora per analizzare la rete, presentando e confrontando in tal senso i diversi metodi per fare *sentiment analysis*, ovvero per monitorare l'umore di chi scrive sui social media rispetto ai più svariati argomenti, cercando di estrarne un significato operativo. Pur nella sua brevità, questo capitolo fornirà una

---

[5] Axelrod R (1997) The Complexity of Cooperation. Princeton University Press, Princeton; Curini L (2009) Gli agent-based models: come modellare la complessità. Quaderni di Scienza Politica 3:517–531.

bussola ragionata attraverso cui orientarsi in una letteratura che di anno in anno sta crescendo in modo esponenziale. Questo ci porterà poi a presentare i vantaggi di un nuovo metodo, la *integrated Sentiment Analysis* (*i*SA), basata su una ottimizzazione dell'algoritmo introdotto originariamente da Hopkins e King.[6]

Nel Cap. 3 attraverso questa tecnica analizzeremo i social media per misurare un'emozione che risulta quanto mai sfuggente, ma di cui si è fatto un gran discutere in questi ultimi anni come possibile alternativa (o complemento) alle misure più strettamente economiche del benessere di una collettività, ossia la felicità. In particolare, focalizzandoci su oltre 40 milioni di messaggi postati su Twitter, studieremo la felicità degli italiani nel corso di tutto il 2012, mostrandone l'andamento, giorno per giorno, nelle 110 province. A partire da questi dati svilupperemo poi una analisi econometrica per provare a spiegare quali fattori facciano crescere o diminuire la felicità in Italia.

Nel Cap. 4 ci concentreremo invece sulla possibilità di prevedere un evento concreto, ovvero i risultati delle elezioni politiche, attraverso ciò che viene pubblicato sui social media. Per farlo analizzeremo una pluralità di tornate elettorali che hanno avuto luogo tra il 2012 e il 2013 in contesti molto diversi tra loro: dalle elezioni presidenziali e legislative francesi alle presidenziali Usa, dalle primarie del centro-sinistra, fino alle elezioni politiche italiane. In ciascun caso confronteremo le nostre previsioni con i dati dei sondaggi e con l'esito dell'urna. I risultati, come vedremo, sono decisamente promettenti sia per quanto riguarda la capacità dei social media di narrare fedelmente ed in tempo reale l'evoluzione ed i trend di una campagna elettorale, sia in termini di accuratezza rispetto all'anticipazione del risultato finale.

Nelle conclusioni, infine, tracceremo nuovi indirizzi di ricerca oltre ad alcuni possibili sviluppi e applicazioni rese possibili dall'analisi della rete. Prenderemo prima in considerazione il ruolo di social media come strumento che può permettere, almeno in potenza, di migliorare l'*accountability* e la *responsiveness* dei governanti verso i governati, per poi tornare al discorso da cui siamo partiti, ovvero all'idea dei social media come strumento di *e-Democracy*.

Terminiamo questa introduzione con un doveroso ringraziamento a tutti coloro che hanno contribuito alla realizzazione di questo lavoro. Primo tra tutti Giuseppe Porro, che ha contribuito ad avviare due anni fa, assieme agli autori del presente volume, *Voices from the Blogs* (VfB: http://voicesfromtheblogs.com), un progetto di ricerca dell'Università degli Studi di Milano volto a monitorare sistematicamente i commenti pubblicati sulla rete e sui social media, e le cui analisi e metodologie sono alle fondamenta delle pagine qui riportate. Ringraziamo poi Irina Iasinovschi, che ha dato un contributo rilevante per la raccolta dei dati pubblicati nel Cap. 1 di questo lavoro, nonché per la parte grafica, e Luciano Canova per la discussione ed i preziosi suggerimenti in relazione al tema della felicità.

Un altro doveroso ringraziamento va a Wired Italia con cui abbiamo lungamente collaborato in questi mesi ed in particolare a Federico Ferrazza che ha sostenuto e diffuso ad un vasto pubblico molte delle analisi che sono riportate in questo libro

---

[6] Hopkins D, King G (2010) A Method of Automated Nonparametric Content Analysis for Social Science. American Journal of Political Science 54(1):229–247.

(dedicarci la storia di copertina del numero di Wired di gennaio 2012 è stato un gesto quasi "avventato"... ma molto apprezzato). Ma non saremmo mai arrivati a questo punto senza il sostegno di Renato Mattioni, segretario della Camera di Commercio di Monza-Brianza, con il quale abbiamo pubblicato un primo libro in cui sono stati analizzati i tweet dei milanesi, toccando argomenti che vanno dalla politica, al design, al lavoro.[7] Un grande ringraziamento va anche ad Emanuela Croci, Mario Barone, Massimo Donelli, Andrea Vicari, e al Consolato Generale degli Stati Uniti d'America di Milano, in particolare a Francesca Bettelli e Donatello Osti, assieme a cui abbiamo organizzato diverse iniziative.

Molte delle analisi qui riportate sono state pubblicate sul sito del Corriere della Sera, che ringraziamo perché da oltre un anno ospita il nostro blog (http://sentimeter.corriere.it), e per aver pubblicato all'interno dei suoi "speciali" i dati relativi alle elezioni presidenziali americane, alle elezioni primarie del centro-sinistra e alle elezioni politiche (almeno fino allo stop imposto da AgCom...). In particolare, ringraziamo Paolo Ottolina, Paolo Rastelli e Giovanni Angeli. Ringraziamo inoltre Luca Tremolada del Sole24Ore con il quale abbiamo lavorato su diversi temi tecnologici come il lancio del nuovo iPad e del nuovo iPhone.

Altri ringraziamenti assai sentiti vanno a Simone Spetia di Radio 24 che ci ha più volte ospitato per parlare di alcuni degli argomenti discussi in questo libro, ma non solo, all'interno della trasmissione Votantonio. Un ringraziamento è dovuto anche a Walter Galbiati e a Economia e Finanza di Repubblica.it, così come al team di Radio 2 – Miracolo Italiano, con cui abbiamo passato l'estate del 2013 a parlare di felicità.

È doveroso ringraziare naturalmente anche l'Università degli Studi di Milano, e in particolare la squadra di UNIMITT (Innovazione e Trasferimento Tecnologico Università degli Studi di Milano) nelle persone di Chiara del Balio e Roberto Tiezzi che hanno supportato la nascita dello spin-off Voices from the Blogs srl, così come il Rettore Gianluca Vago, la cui firma ha dato ufficialmente il via all'iniziativa, in una data molto particolare: 12/12/12. Allo stesso modo vogliamo ringraziare Marco Giuliani e Franco Donzelli, rispettivamente direttori del Dipartimento di Scienze Sociali e Politiche e del Diparimento di Economia, Management e Metodi Quantitativi dell'Università degli Studi di Milano, per aver sostenuto lo sviluppo di VfB collaborando anche all'organizzazione di diversi seminari tematici. Un ringraziamento va anche a diversi colleghi e assegnisti di ricerca che sono attualmente afferenti ai suddetti dipartimenti tra cui Mauro Barisione e Marco Mainenti, o lo sono stati in passato, come Vincenzo Memoli.

Un particolare ringraziamento va all'amico e collega Gary King, dell'Università di Harvard, per averci introdotto nel lontano 2010 all'analisi dei social media, nonché all'istituto ISPO nelle persone di Renato e Ludovico Manheimer per la disponibilità accordata ad effettuare ricerche congiunte e analisi di validazione dei nostri risultati.

Questo libro non sarebbe poi stato possibile senza l'aiuto, il sostegno e l'entusiasmo di molti studenti, laureandi e laureati della Facoltà di Scienze Politiche, Eco-

---

[7] Ceron A, Curini L, Iacus S, Mattioni R, Porro G (2012) #Milano-Brianza in un tweet: lavoro, politica, partecipazione. Guerini e Associati, Milano.

nomiche e Sociali dell'Università degli Studi di Milano. Vogliamo qua ricordare, in stretto ordine alfabetico: Vito Andreana, Agnese Barni, Giulia Baronio, Cinzia Besana, Alice Blangero, Angelo Boccato, Filippo Caracciolo, Luca Castelli, Matteo Ceccarelli, Barbara Colombini, Francesca Condoleo, Alessandra Caterina Cremonesi, Alessandro Del Tredici, Stefano Doronzo, Gianluca Gaiga, Alberto Galbusera, Ilaria Locorotondo, Marco Moggia, Luca Noris, Giovanni Paini, Benedetta Pinò, Francesco Russo, Salvatore Salamone, Eliza Ungaro.

Gli ultimi e più sentiti ringraziamenti vanno a Spoletta, la nostra mascotte, per aver saputo illuminare il gruppo di VfB sin dalla sua fondazione e alle persone care che ci hanno supportato e continuano a farlo nonostante le assenze, le notti insonni e le alzatacce passate ad analizzare i social media.

Milano, settembre 2013

Andrea Ceron
Luigi Curini
Stefano M. Iacus

# Indice

**1 Perché studiare i social media** .................................. 1
   1.1  I social media: caratteristiche e definizioni ..................... 1
   1.2  "Utenti della Rete, unitevi!": alcuni numeri sulla diffusione dei social media ................................................. 4
   1.3  Principali direzioni di ricerca sui social media .................. 9
        1.3.1  Social media e previsioni ............................ 12
   1.4  I vantaggi dell'analisi via Twitter ............................ 17
   Riferimenti web .................................................. 18
   Riferimenti bibliografici .......................................... 22

**2 Opinion Mining e integrated Sentiment Analysis (*i*SA)** ............. 27
   2.1  Dall'analisi del linguaggio alle opinioni ....................... 27
        2.1.1  Analisi quantitativa e analisi qualitativa dei testi .......... 27
        2.1.2  I principi fondamentali dell'analisi testuale .............. 28
   2.2  L'analisi dei testi in pratica .................................. 31
        2.2.1  Come rendere il testo digeribile ad un modello statistico: lo *stemming* ........................................ 31
        2.2.2  Le famiglie di tecniche di analisi testuale: lo *scoring* ...... 34
        2.2.3  Pregi e difetti del *tagging* automatico e umano ........... 35
        2.2.4  Metodi di classificazione testuale ...................... 36
        2.2.5  Tecniche di *clustering* ............................... 36
        2.2.6  Topic models ....................................... 37
        2.2.7  Classificazione individuale e aggregata: il contributo di Hopkins e King ..................................... 38
        2.2.8  Perché si riduce l'errore? ............................. 41
        2.2.9  Il problema del rumore ............................... 41
        2.2.10  Quanto deve essere grande il *training set* nel metodo *i*SA?.. 42
        2.2.11  Segnale forte, segnale debole e stime vincolate ........... 42
        2.2.12  I vantaggi di *i*SA ................................... 43
        2.2.13  Integrazione di metodi *supervised* e tecniche di *scoring* .... 44
        2.2.14  Altri approcci all'analisi dei testi ...................... 44

|   |   |   |
|---|---|---|
| | 2.3 | Esempi di applicazione della tecnica *i*SA ...................... 45 |
| | | 2.3.1 Stabilità delle stime e accuratezza della tecnica *i*SA ....... 45 |
| | | 2.3.2 Non solo sentiment ma anche opinion analysis ............ 49 |
| | Riferimenti bibliografici ......................................... 51 |

**3 Catturare l'evoluzione di una emozione** ........................... 53
    3.1 Alla ricerca della felicità: dai sondaggi ai metodi *real-time* ........ 53
    3.2 Dai tweet alla felicità ....................................... 56
    3.3 Un anno di *i-Happiness* ..................................... 57
    3.4 Le possibili determinanti della felicità ......................... 61
    3.5 Cosa spiega la felicità degli italiani? ........................... 62
        3.5.1 Variabili dinamiche ................................... 65
        3.5.2 Variabili statiche ..................................... 66
    Appendice ...................................................... 67
    Riferimenti web ................................................ 67
    Riferimenti bibliografici ......................................... 68

**4 *Sentiment Analysis* ed elezioni: prevedere è possibile?** ............. 71
    4.1 Prevedere i risultati elettorali con i social media: *Adelante, con juicio* ...................................................... 71
    4.2 Il confronto tra Sarkozy e Hollande giorno per giorno ............ 78
    4.3 Cosa imparare dalle elezioni legislative francesi ................. 80
    4.4 #USA2012: tra Obama e Romney, il vero vincitore è la Rete ...... 85
        4.4.1 #Bayonets and Horses: l'andamento della campagna a colpi di tweet ....................................... 86
        4.4.2 *Too close to call*? Forse, ma non per Twitter ............. 90
    4.5 #CSXFactor e le primarie del centrosinistra ..................... 94
    4.6 Elezioni2013, la prima campagna elettorale italiana via Twitter .... 98
    4.7 Tra sondaggi e sentiment, quale futuro per la previsione elettorale? . 103
    Riferimenti web ................................................ 106
    Riferimenti bibliografici ......................................... 108

**5 Conclusioni: Dai social media alla politica (e ritorno)** ............. 113
    5.1 Gusti, opinioni e preferenze della rete ......................... 113
    5.2 Consigliare il "principe"... .................................. 115
    5.3 ... e sorvegliarlo ............................................ 117
    5.4 Oltre all'e-Government c'è di più ............................. 118
    Riferimenti web ................................................ 124
    Riferimenti bibliografici ......................................... 126

# Perché studiare i social media    1

- Social media: caratteristiche, specificità, diffusione in Italia e nel mondo
- Aree principali di studio
- Previsioni (sul presente e sul futuro) utilizzando la Rete
- Perché analizzare Twitter

> *Nel momento in cui una notizia colpisce la rete,*
> *diventa una conversazione. Rimane solo da capire*
> *quanto forte diventerà il volume di questa conversazione*
> Doug Frisbie

## 1.1
## I social media: caratteristiche e definizioni

Per capire cosa intendiamo per *social media*, per differenziarli al loro interno e, di conseguenza, per identificare quella particolare sotto-classe di social media su cui ci focalizzeremo in questo e nei prossimi capitoli, è utile iniziare la nostra trattazione introducendo un concetto molto più generale: quello di "reti sociali". Per rete sociale facciamo riferimento a qualunque struttura, formale o informale, comprendente un insieme di persone od organizzazioni, assieme alle loro rispettive relazioni (Scott, 2000). Di solito una rappresentazione grafica di una rete sociale è data da "nodi", corrispondenti agli attori che operano in quella rete, assieme ai collegamenti tra questi nodi, che possono essere più o meno densi a seconda dell'intensità delle relazioni sociali esistenti tra di essi. Tali relazioni possono essere poi sia esplicite, come nel caso di compagni di classe o dei legami di parentela, che implicite, come accade per le amicizie, e possono avere origine e svolgimento sia off-line, cioè nel mondo reale, che on-line, ovvero in rete.

Questo ultimo punto ci porta direttamente a parlare di social media. I social media sono piattaforme virtuali che permettono di creare, pubblicare e condividere contenuti, i quali, a loro volta, sono generati direttamente dai loro utenti (Yu e Kak, 2012). In questo senso i social media si distinguono dai media tradizionali, come i giornali, i libri e la televisione proprio in virtù della loro orizzontalità rispetto alla possibilità (e facoltà) di pubblicare contenuti. Se, ad esempio, in un quotidiano possono pubblicare delle notizie solo i giornalisti che ci lavorano (una volta ottenuto il placet del capo-redattore...), nel caso dei social media la barriera di ingresso alla "produzione" di un testo è praticamente assente: basta un computer (o un cellulare) con la connessione ad internet per poterlo fare.

Esistono vari tipi di social media (Kaplan e Haenlein, 2010) che possono avere *o meno* la forma di una rete sociale al loro interno. Ad esempio, Wikipedia, oramai una fonte di informazione globale di larga influenza, rappresenta un particolare tipo di social media che va sotto il nome di *"progetto collaborativo"*. I progetti collaborativi, più in dettaglio, coinvolgono direttamente gli utenti che sono chiamati a lavorare assieme con lo scopo di produrre dei contenuti che poi diventeranno accessibili all'intera rete. Ma Wikipedia non è una rete sociale, ovvero, e usando la traduzione inglese, non è un *social network*. Per esserlo, devono infatti essere soddisfatte tre condizioni minimali: devono esistere degli utenti specifici del medium in questione, questi utenti devono essere collegati tra loro, e deve esistere la possibilità di una comunicazione interattiva tra gli stessi. Per citare un altro esempio: un blog in cui chi scrive racconta quotidianamente gli accadimenti della propria vita o esprime le proprie idee, in modo unilaterale (ovvero non soddisfacendo alcuna condizione di "interattività"), non può essere definito tecnicamente un social network.[1]

In questo libro ci focalizzeremo solo su quei social media che presentano anche una forma di social network al loro interno. Per cui, quando parleremo di social media, ci riferiremo da ora in avanti proprio a questo sotto-insieme, salvo diversa indicazione riportata direttamente nel testo. Questi tipi di social media svolgono due funzioni fondamentali: da un lato producono relazioni, dall'altro contenuti. Per quanto riguarda le relazioni, queste possono riflettere reti sociali (magari amicali) già esistenti, oppure reti del tutto nuove, sviluppate proprio attraverso i social media, basate su interessi o attività comuni. Per quanto riguarda i contenuti, questi possono essere i più disparati: dati testuali, audio, foto, video ed applicazioni. Possono essere creati ex-novo dall'utente, ma anche essere condivisi e/o scambiati. Facebook, Twitter e Google+ sono attualmente tra i social media più popolari.[2]

Facebook è il più "longevo" dei tre, essendo stato fondato nel 2004. Nei suoi primi anni di vita, Facebook è stato fondamentalmente limitato agli studenti universitari americani, fino all'ottobre 2006, allorquando è stato reso accessibile a tutti gli utenti internet. Da quel momento in poi, Facebook ha registrato una crescita costante, raggiungendo già nell'agosto 2008 la cifra di 100 milioni di utilizzatori, per arrivare ad ottobre 2012 ad oltre 1 miliardo di utenti attivi mensilmente (su questo e altri dati torneremo nel prossimo paragrafo).

---

[1] Altri tipi di social media sono rappresentanti dalle *content communities* (ovvero piattaforme dove gli utenti possono condividere contenuti specifici con altri membri della comunità online come avviene per i video su YouTube), e dai mondi artificiali, vale a dire complessi ambienti simulati al computer e abitati da avatar tridimensionali, che possono essere legati sia a un gioco (come accade ad esempio in *World of Warcraft*: [45]) o meno (*Second Life* è forse l'esempio più famoso a riguardo: [46]).
[2] Tralasciamo da questo elenco YouTube, che per le sue caratteristiche rappresenta più una content community che un social media come da noi definito (vedi nota 1).

Per quanto riguarda le interazioni sociali ammesse, un utente Facebook deve diventare "amico" di un altro utente (ed essere accettato come tale da quest'ultimo) per poter accedere alle informazioni pubblicate da questo secondo utente e per poter scrivere, ad esempio, messaggi sulle sue bacheche. Fanno eccezione i soli profili o le funzionalità che gli utenti decidono di rendere "pubbliche". In questo ultimo caso, le informazioni pubblicate diventano accessibili liberamente a tutta l'utenza Facebook (nonché a chi non ha un account sul social media), mentre cessano gli ostacoli alla possibilità di interagire con tale profilo "pubblico". Infine, un utente Facebook può esprimere il suo gradimento o interesse verso le attività di altri utenti, iniziative, campagne oppure verso brand o profili di tipo aziendali o istituzionali attraverso la funzionalità 'like' ('mi piace') (Joinson, 2008).

Twitter nasce due anni dopo, nel 2006. A differenza di Facebook, su Twitter ogni utente può condividere solo brevi messaggi di testo, fino a un massimo di 140 caratteri, chiamati 'tweet' ('cinguettio' in italiano), aggiornamenti che sono mostrati nella pagina profilo dell'utente e che vengono inoltrati automaticamente anche a tutti coloro che si sono registrati per riceverli, ossia ai 'follower' ('seguaci') di questo utente. Per la produzione costante di idee e contenuti testuali, che possono includere tuttavia anche immagini, link, e brevi video, Twitter viene considerato come un social network che genera microblogging.

Rispetto alle relazioni di network, su Twitter, a differenza di Facebook,[3] vale in un certo senso la regola del "silenzio assenso": un utente può "seguire" un altro senza bisogno della sua autorizzazione, a meno che quest'ultimo non abbia deciso di rendere privato il proprio account. Gli utenti, se lo ritengono opportuno, hanno la possibilità di "bloccare" i loro follower, impedendogli di continuare a seguirli. Inoltre, un utente può indirizzare liberamente un messaggio pubblico a qualunque altro utente Twitter, indipendentemente dalla relazione esistente tra questi due utenti (ovvero, se si seguono a vicenda o meno), attraverso la semplice aggiunta nel messaggio del nome corrispondente all'account dell'utente a cui si vuole indirizzare il tweet preceduto dal segno "chiocciola" (@). In questo caso, l'utente il cui account è incluso nel tweet riceverà una notifica automatica da Twitter con il relativo testo. Su Twitter esiste anche la possibilità di rilanciare integralmente il tweet di un altro utente inviandolo a tutti i propri follower (il cosiddetto "re-tweet").

I messaggi postati su Twitter possono poi essere etichettati con l'uso di uno o più 'hashtag': ovvero, parole o combinazioni di parole concatenate precedute dal simbolo cancelletto (#). Etichettando un messaggio con un hashtag si crea un collegamento ipertestuale a tutti gli altri messaggi recenti che utilizzano lo stesso hashtag. Un utente Twitter può così facilmente accedere a questa mole di post, indipendentemente dal fatto che questi messaggi provengano dagli utenti che si stanno seguendo o meno. Nonostante la base utenti di Twitter sia solo una frazione di quella di Facebook, questo social media, proprio per le sue caratteristiche di apertura e orizzontalità, sta

---

[3] Da notare che Facebook ha introdotto nel 2011 la funzionalità "Subscribe" simile a "Follow" di Twitter per gli utenti che desiderano condividere aggiornamenti con altri utenti senza diventare "amici", funzionalità che permette di ricevere solo gli aggiornamenti che l'utente "seguito" ha deciso di rendere disponibili.

diventando una fonte di notizie in tempo reale estremamente influente sia per l'intera rete che per i media tradizionali, come vedremo meglio in seguito.

Google+, infine, è il più giovane tra i tre, essendo stato lanciato da Google Inc. a giugno 2011. Rispetto agli altri social media, Google+ include nuovi contenuti multimediali, come la possibilità di avviare sessioni audio e video, tramite gli 'hangouts' ('videoritrovi'), stanze virtuali dove è possibile comunicare con più utenti allo stesso tempo. Il sistema dei contatti, equivalente agli amici su Facebook o ai follower su Twitter è organizzato in 'circles' ('circoli') liberamente creabili e modificabili dall'utente, come ad esempio 'conoscenti', 'lavoro' ecc. Per aggiungere un nuovo collegamento ai circoli di un utente, non è necessaria l'autorizzazione dell'altro utente (come accade, invece, in Facebook), tuttavia ogni utente (a differenza di Twitter) ha la possibilità di personalizzare le informazioni condivise con i vari collegamenti in base ai circoli a cui li assegna. Il modello di Google+ in questo senso risulta a metà strada tra Facebook e Twitter per quanto riguarda i vincoli posti rispetto alla possibilità di interagire con qualunque altro profilo presente sulla stessa piattaforma social.

## 1.2
### "Utenti della Rete, unitevi!": alcuni numeri sulla diffusione dei social media

Per studiare la diffusione e l'utilizzo di internet e dei social media possono essere utilizzati due distinti indicatori. Da un lato abbiamo indicatori *statici*, che fotografano la situazione in un dato momento, dall'altro abbiamo indicatori *dinamici*, che confrontano l'andamento rispetto ad un periodo base (di riferimento).

Tra gli indicatori statici vanno considerati il numero di utenti internet, quello degli utenti sui social media e/o il loro tasso di penetrazione in una data popolazione. La definizione di quello che intendiamo per "utenti" non è però così scontata e occorre fare alcune distinzioni in base alla tipologia di utente (attivo o registrato), al mezzo utilizzato per connettersi, e alla popolazione sulla quale vengono misurati i valori degli indicatori.

Un primo elemento di cui tenere conto sono gli strumenti utilizzati per accedere al servizio: l'utilizzo di internet può avvenire attraverso il PC fisso, da smartphone o da tablet. Un altro elemento da prendere in considerazione è la possibilità di dividere la popolazione di riferimento per fasce di età. Da qui l'importanza di capire se le analisi vengono fatte sull'intera popolazione oppure solo su una certa fascia di età di particolare interesse.

Utilizzando indicatori statici si possono poi creare altre quantità di interesse, come per esempio il tasso di penetrazione citato in precedenza. Questo tasso rappresenta il rapporto tra gli utenti che hanno accesso a internet (da qualsiasi mezzo oppure solo da PC fisso, smartphone, tablet ecc.) e la popolazione complessiva di un paese (oppure un sottoinsieme della stessa, come per esempio, e tornando a quanto appena detto più sopra, una certa fascia di età).

Queste premesse valgono per misurare sia l'utenza di internet che quella dei social media. Quando si utilizzano dati riportati da diverse fonti occorre dunque prestare particolare attenzione da un lato a quale sia la popolazione di riferimento relativa ad una data indagine, e dall'altro a quale mezzo venga utilizzato per connettersi ai social media. Ad esempio, il numero di utenti che si collegano a Twitter in Italia solo da PC fisso può essere ben diverso rispetto al numero totale degli utenti Twitter (che include anche l'accesso via smartphone o tablet).

Un ulteriore elemento di cui tenere conto è dato dalla differenza tra utenti registrati e utenti attivi. I secondi rappresentano un sottoinsieme dei primi e possono essere definiti come quegli utenti che apportano modifiche o pubblicano aggiornamenti su qualche piattaforma social almeno una volta al mese. Ovviamente usare come riferimento la base mensile è una semplice, anche se assai comune, consuetudine: nulla ci vieterebbe di identificare gli utenti attivi giornalmente o settimanalmente. In generale, gli utenti registrati vengono chiamati semplicemente "utenti", mentre gli utenti attivi mensilmente vengono riferiti come, per l'appunto, "utenti attivi".

Gli indicatori dinamici si riferiscono invece ai tassi di crescita e vengono calcolati su base mensile, trimestrale, semestrale o annuale. Per confrontarli è necessario ovviamente utilizzare un identico arco temporale di riferimento e adottare la stessa 'granularità' del dato. Se i dati hanno granularità diversa, venendo calcolati ad esempio su base mensile piuttosto che trimestrale, è possibile effettuare un confronto solo dopo aver opportunamente rimodulato i dati per renderli omogenei.

Finita la discussione su questi dettagli tecnici (che potrebbero apparire anche noiosi, ma che sono in realtà essenziali per avere una bussola con cui non perdersi nell'oceano dei numeri riferiti alla rete), possiamo ora passare ad illustrare qualche dato.

A luglio 2013 nel mondo risultano esserci 2,4 miliardi di utenti internet, equivalenti ad un tasso di penetrazione del 34,3%. L'Asia è al primo posto come numero di utenti assoluto (1 miliardo), l'America del Nord primeggia per tasso di penetrazione (78,6%) [1].

In Italia, internet viene invece utilizzato da 37,8 milioni di persone, un numero che rappresenta il 62% della popolazione italiana (quindi in linea con il dato europeo)

**Tabella 1.1** Diffusione di internet nel mondo. *Fonte: Internet World Stats* [1]

| Regioni del mondo | Popolazione (Stima 2012) | Utenti internet (ultimo agg. a lug. 2013) | Tasso penetrazione (% Popolazione) |
|---|---|---|---|
| Africa | 1.073.380.925 | 167.335.676 | 15,6% |
| Asia | 3.922.066.987 | 1.076.681.059 | 27,5% |
| Europa | 820.918.446 | 518.512.109 | 63,2% |
| Medio Oriente | 223.608.203 | 90.000.455 | 40,2% |
| America del Nord | 348.280.154 | 273.785.413 | 78,6% |
| America Latina / Caraibi | 593.688.638 | 254.915.745 | 42,9% |
| Oceania / Australia | 35.903.569 | 24.287.919 | 67,6% |
| Totale nel mondo | 7.017.846.922 | 2.405.518.376 | 34,3% |

e l'80,2% della popolazione nella fascia di età tra gli 11 e i 74 anni [2]. Normalmente si accede ad internet da casa tramite computer, ma quasi 18 milioni lo fanno regolarmente via smarthphone e quasi 4 milioni via tablet [2].

Per quanto riguarda invece la frequenza, oltre 28,5 milioni di italiani vi accedono almeno 1 volta al mese, mentre la media giornaliera di utenti unici supera i 14 milioni [3].

Analizzando il profilo socio-demografico degli individui italiani che dichiarano di poter accedere ad internet, si nota una ampia diffusione pur con tassi di penetrazione più elevati tra i giovani (94% tra gli 11–34enni) e tra i profili maggiormente qualificati in termini di istruzione (98% dei laureati, 99,7% degli studenti universitari, 96,6% degli studenti di scuole medie e superiori) e condizione professionale (97,7% di impiegati e insegnanti, 100% di dirigenti, quadri e docenti universitari) [2].

Una situazione del tutto simile si riscontra anche per quanto riguarda l'accesso a internet da smartphone: risulta più diffuso tra i giovani (oltre la metà degli 11–34enni), in particolare tra gli studenti universitari (il 68,6%) o di scuole medie e superiori (il 60,8%), e al crescere della scolarità e della condizione professionale: il 57,5% dei laureati, il 65,1% degli imprenditori e liberi professionisti e il 59% dei dirigenti, quadri e docenti universitari [2].

Se passiamo ad analizzare i social media, Facebook risulta essere la piattaforma più utilizzata in termini di utenti complessivi con oltre, come già visto, 1 miliardo di utenti attivi a livello globale, e con un tasso di penetrazione nella fascia di età tra i 16 e i 65 anni del 51% [4, 5], seguita da Google+ (500 milioni utenti iscritti, 359 milioni utenti attivi; tasso di penetrazione del 26%) [6, 5], e Twitter (550 milioni utenti iscritti, 297 milioni utenti attivi; tasso di penetrazione del 22%) [6, 7, 5].

Twitter si qualifica però al primo posto per la crescita degli utenti attivi nell'ultimo anno, con un incremento del 42%, seguito da Facebook con una crescita del 33% e Google+ con un incremento del 27% [8, 9].[4]

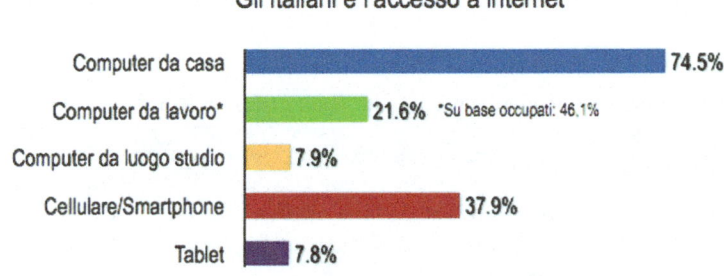

**Fig. 1.1** Gli italiani e l'accesso a internet nel primo trimestre 2013. *Fonte: Audiweb Trends* [2]

---

[4] Da notare che la crescita di Google+ sembra in parte inflazionata dalla necessità di registrarsi al suddetto social media per poter utilizzare altri servizi offerti da Google, il quale detiene una ampia fetta di mercato nell'ambito dei servizi web. Ad oggi, per aggiungere commenti sulla piattaforma di video-sharing Youtube, recensire applicazioni Android sul mercato Google Plus, oppure aggiungere recensioni sui ristoranti sulla piattaforma Zagat, è necessario avere un'utenza Google+, solo per citare alcuni esempi [27, 28].

1.2 "Utenti della Rete, unitevi!": alcuni numeri sulla diffusione dei social media

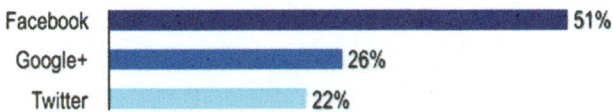

**Fig. 1.2** Confronto tra Facebook, Google+ e Twitter per tasso di penetrazione globale degli utenti attivi nel primo trimestre 2013 (fascia età: 16–64). *Fonte: GlobalWebIndex (eMarketer.com)* [5]

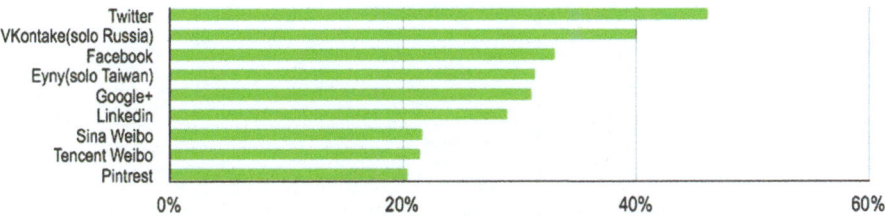

**Fig. 1.3** La variazione percentuale di milioni di utenti attivi tra secondo e primo trimestre 2013 (fascia età: 16–64). *Fonte: GlobalWebIndex (Franzrusso.it)* [8]

Una crescita che è anche dovuta all'ingresso sempre più massiccio sui social media di fette di popolazione relativamente più mature. Su Twitter, ad esempio, l'incremento degli utenti compresi tra i 55–64 anni è stato del 79% (statistiche registrate nel primo trimestre del 2013 [8]), su Google+ gli utenti tra i 45–54enni sono aumentati del 56%, mentre su Facebook la stessa fascia è aumentata del 46% [8].

Per quanto riguarda invece il tempo medio speso dagli utenti su questi tre social media, il primato spetta senz'altro a Facebook con 6 ore e 44 minuti (tempo medio in calo però rispetto alle 7 ore e 9 minuti dell'anno precedente) [10], seguito da Twitter con 33 minuti.[5] Più indietro Google+ con meno di 7 minuti (un dato comunque in leggero aumento).

Se infine passiamo a considerare i rispettivi bacini geografici, possiamo notare come nel primo trimestre del 2013 gli utenti di Facebook siano diminuiti in alcuni paesi tra cui gli Stati Uniti (6 milioni di utenti attivi in meno nel primo trimestre del 2013, a fronte comunque di un saldo positivo rispetto all'anno precedente di 1,8 milioni [11]), e la Gran Bretagna (-1,4 milioni di utenti attivi) [11], mentre risultano aumentati soprattutto in Sud America e in Asia [12].

Gli Stati Uniti rimangono tuttavia il più grande mercato di Facebook al mondo con 113,4 milioni di utenti attivi [8], seguiti dall'India (62,7 milioni), Brasile (58,5 milioni), Indonesia (51 milioni) e Messico (38,4 milioni) [13]. In Italia, Facebook non sembra invece perdere terreno: nel primo trimestre del 2013 ha toccato i 23,3 milioni di utenti attivi (undicesimo paese al mondo per numero di account, pari al 2,4% degli utenti totali), in crescita dell'1,5% rispetto al trimestre precedente

---

[5] Bisogna però considerare che la statistica di Twitter si basa solo sul numero di visite alla piattaforma e non prende in considerazione le singole utenze o l'utilizzo dell'applicazione da smartphone, cosa che probabilmente aumenterebbe, e non di poco, il tempo effettivo speso registrato su Twitter.

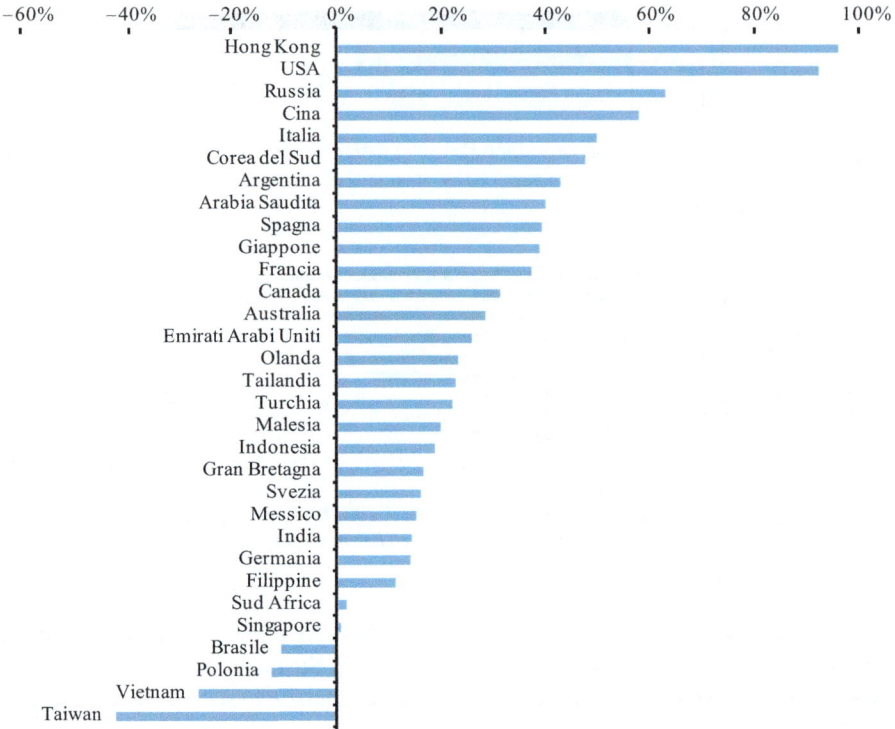

**Fig. 1.4** Dinamica nella base utenti attivi su Twitter dal secondo trimestre al quarto trimestre 2012. *Fonte: Global Web Index* [16]

[11, 14]. Facebook ha poi un tasso di penetrazione del 61,6% rispetto al numero di utilizzatori internet italiani [2].

Per quanto riguarda Twitter, il numero di utenti in Italia sfiora i 5 milioni [15] con un tasso di penetrazione del 13,2% [2] ed una crescita degli utenti attivi del 50% nell'ultimo semestre del 2012, posizionandosi al quinto posto tra i paesi in cui il social media si sta sviluppando più velocemente, dopo Hong Kong (+96%), Stati Uniti (+93%), Russia (+63%) e Cina (+58%) [16]. Complessivamente, se ogni giorno, a livello globale vengono pubblicati 500 milioni di messaggi su Twitter [17], tra i 600 e i 700 mila sono scritti in italiano [18]. Per gli italiani, Twitter presenta una natura più *"mobile"* e flessibile rispetto a Facebook: se infatti l'86% degli utenti lo utilizza da computer (9 punti percentuali in meno rispetto all'utilizzo che se ne fa di Facebook), il 46% twitta da smartphone e il 18% da tablet (rispetto al 45% da smartphone e al 14% da tablet nel caso di Facebook) [19]. L'età media è 35 anni e la distribuzione geografica riflette il profilo dell'utente internet, con una concentrazione maggiore nei grandi centri urbani [15].

I paesi che hanno registrato nell'ultimo anno la maggior crescita assoluta nel numero utenti su Twitter sono stati invece Indonesia, Arabia Saudita e Singapore, con tassi compresi tra il 44% e il 35% [5]. Le previsioni per il 2014 parlano di una crescita globale del 14% per Twitter, un dato decisamente superiore a quello di Facebook (fermo al 3,6%, anche se ovviamente Facebook parte da una base utenti più elevata, come visto) [20]. In termini di utilizzatori attivi, il paese con il maggior numero di utenti Twitter è la Cina, con 35,5 milioni, seguito da India con 33 milioni e i gli Stati Uniti con 22,9 milioni [5].

Per quanto riguarda infine Google+, in Italia risulta il terzo social media più diffuso (subito dopo Facebook e Twitter), con 3,7 milioni di utenti attivi e un tasso di penetrazione del 9,8% [21, 2]. A livello globale, i primi tre paesi come numero di utenti attivi sono Cina (100 milioni), India (più di 40 milioni), Brasile e Indonesia (più di 20 milioni utenti attivi) [21]. Relativamente basso, invece, il suo tasso di penetrazione in un mercato come quello statunitense (6%).

## 1.3
## Principali direzioni di ricerca sui social media

Proprio per via della loro crescente diffusione, i social media sono stati oggetto di un forte interesse come oggetto di analisi sia in ambito accademico che giornalistico e commerciale. Per quanto concerne la ricerca scientifica, diverse aree e discipline hanno prodotto studi basati sull'analisi dei social media. Si va dall'economia al marketing, dalla scienza politica alla sociologia e alla scienza della comunicazione, passando per la psicologia e l'epidemiologia, solo per citare le più diffuse. Più in generale, i lavori che si sono occupati di discutere dei social media possono essere suddivisi in due grandi approcci, non necessariamente complementari, che si pongono domande di ricerca differenti.

Il *primo approccio* cerca di capire se, e se sì, in che misura, la comunicazione sui social media sia in grado di influenzare scelte e comportamenti da parte dei suoi utenti. In questo quadro rientrano, ad esempio, i lavori che si focalizzano sulla diffusione delle informazioni in rete (Bakshy *et al.*, 2012; Bandari *et al.*, 2012), e su come questa diffusione sia in grado di generare, in determinate circostanze, nuove notizie che diventano di pubblico dominio. L'evidenza empirica a questo riguardo è abbondante e sembra confermare l'effettività di tale processo (un punto su cui ritorneremo anche più avanti nel corso del libro). Secondo interviste e indagini recenti, spesso gli utenti dei social media tendono infatti a rivolgersi alle connessioni online per ricevere notizie (Baresch *et al.*, 2011), sostituendo i filtri professionali, come per esempio le notizie CNN, con quelli per l'appunto social. Più in generale, possiamo distinguere tra una diffusione di notizie esogena ed una endogena (Bennato *et al.*, 2010). Nel primo caso la notizia viene prodotta prima dai mass media e solo successivamente rilanciata on-line. In questo scenario, i social media funzionano principalmente da cassa di risonanza di voci che comunque hanno una origine esterna agli stessi. Al contrario, nel caso di una diffusione endogena, i social media riescono ad agire come dei veri e propri *news-media*, anticipando i canali tradizionali e propagando le informazioni prima di quanto facciano giornali e televisioni. La dinamica mediatica che ha fatto seguito all'attentato alla maratona di Boston del 15 aprile 2013, quando una serie di esplosioni ha provocato la morte di 3 persone oltre a diverse decine di feriti, rientra in questa seconda categoria. Nonostante il rischio di diffondere notizie false o inesatte [29], i social media sono stati infatti in questa circostanza le principali fonti di informazioni, mentre i media tradizionali hanno inseguito i social in cerca di notizie, e hanno a loro volta utilizzato i canali on-line per diffonderle. Emblematico è il fatto che la polizia di Boston abbia utilizzato Twitter per lanciare un appello a chi avesse video o foto utili alle indagini. Ed è proprio su Twitter, prima che sugli altri media, che la foto dell'attentatore ha iniziato a circolare, e sempre on-line (Twitter e Youtube) la cittadinanza ha pubblicato i video dell'attentato che sono poi stati utilizzati nel corso delle indagini [30].

Un ulteriore esempio della potenzialità di quella che abbiamo chiamato "diffusione endogena", che trova nei social media i veri artefici della notizia, rinvia al tweet pubblicato intorno alle ore 15:00 del 4 marzo 2013 dal giornalista Gad Lerner. In quel tweet veniva annunciata, a mercati ancora aperti, la cessione dell'emittente televisiva La7 all'imprenditore Urbano Cairo, con due ore di anticipo rispetto al comunicato ufficiale della società e quando i dirigenti coinvolti nell'operazione non avevano ancora lasciato la sede in cui era stato convocato il Consiglio di Amministrazione incaricato di discutere la cessione [31, 32]. Anche in questo caso, il tweet di Lerner si è poi diffuso in rete prima di essere ripreso dai tradizionali mezzi di informazione generando la notizia in modo endemico. Qualcosa di simile accade anche in altri ambiti, come ad esempio nel "calciomercato" laddove i diretti interessati, ossia i calciatori, talvolta annunciano l'esito di una trattativa ed il loro trasferimento in altre squadre subito dopo aver posto la firma sul contratto ma prima ancora che questo sia stato depositato e che la notizia sia divenuta ufficiale. Un discorso analogo vale per la vita privata o professionale di personaggi famosi, non solo nel mondo dello sport, ma anche dello spettacolo, e della politica (su quest'ultimo punto rimandiamo al Cap. 4).

Ovviamente, si può sostenere che il tipo di utente che "lancia" un tweet risulti determinante per generare il meccanismo appena visto. Molte ricerche si sono così concentrate sull'effetto giocato dal tipo di network esistenti in rete e sul ruolo che in questi svolgono gli utenti cosiddetti più "influenti", ovvero quelli con un numero maggiore di follower (nel caso, ad esempio, di Twitter) o di amici (nel caso di Facebook).[6] Altre analisi, più recenti, hanno tuttavia mostrato che non è di per sé il numero di follower (e quindi di nodi a cui un account come quello di Gard Lerner, ritornando all'esempio appena discusso, è collegato) a fare la differenza, quanto il fatto che il contenuto della informazione che si vuole diffondere sia a tutti gli effetti una notizia meritevole di essere rilanciata (Asur *et al.*, 2011; Zarella, 2009b).

Oltre ad essere molto efficaci per la diffusione di vere e proprie news, i social media sono anche la versione tecnologica del più vecchio strumento di diffusione di informazioni: il *passaparola*. Questo vale in ambito medico, ad esempio, dove la circolazione di informazioni e comunicazioni via social media può essere d'aiuto, come nel caso della donazione di organi (la funzionalità su Facebook attiva

---

[6] Esiste una vasta letteratura che studia i social media utilizzando approcci e metodologie proprie dell'analisi delle reti (si veda ad esempio Huberman *et al.*, 2009).

dal maggio 2012 che permette di segnalare agli altri utenti la disponibilità di donare organi, ha prodotto un aumento del numero di donatori disponibili negli Stati Uniti: Cameron *et al.*, 2013) o per esercizi di prevenzione, in cui la discussione in rete incrementa la probabilità che nuove misure siano note, accolte, ed implementate (Dearing e Kreuter, 2013).

Ma il "passaparola digitale", il cosiddetto eWOM (*electronic words-of-mouth*), è quanto mai efficace anche in ambito commerciale. Spesso i consumatori esprimono liberamente on-line il proprio giudizio, positivo o negativo che sia, in relazione ad un particolare prodotto (Jansen *et al.*, 2009). Questo aspetto diventa così importante nel valutare la *brand reputation* di un marchio o la *customer satisfaction*, in relazione ad un servizio o ad un prodotto. Dato che la discussione sui social media può avvenire nel momento stesso in cui si matura il processo di scelta (di consumare un prodotto, ad esempio) oppure addirittura in coincidenza col processo di acquisto, il monitoraggio dei canali *social* ha un impatto importante sul successo di nuovi prodotti, e sull'efficacia di campagne di comunicazione o di marketing (Jansen *et al.*, 2009). Il giudizio tuttavia può essere espresso anche successivamente rispetto al consumo dello stesso, permettendo così di valutare la soddisfazione dell'acquirente. Per queste loro caratteristiche che li rendono immediati, facilmente accessibili e in grado di raggiungere un numero significativo di persone e opinioni, i social media diventano anche un importante strumento di *brand management* (Hennig-Thurau *et al.*, 2004).

Più in dettaglio, è stato osservato come il passaparola digitale abbia generalmente maggiore efficacia sul primo acquisto di un prodotto o di un servizio, quando proviene da amici o da coetanei, e quando si riferisce ad una esperienza negativa piuttosto che positiva (ovvero quando discute dei limiti o difetti di un prodotto e non dei suoi pregi) (Duan *et al.*, 2008; Park e Lee, 2009). Inoltre, la relazione tra il volume di "raccomandazioni" e la probabilità di acquisto di un prodotto non è lineare: al crescere della prima, aumenta la possibilità dell'acquisto ma fino a raggiungere una certa soglia di volume, passata la quale all'aumentare eccessivo delle raccomandazioni, la probabilità dell'acquisto incomincia a diminuire (Leskovec e Adamic, 2007). Infine, generalmente sono gli utenti con meno relazioni on-line (con meno follower su Twitter o meno amici su Facebook, ad esempio) ad essere quelli più facilmente convinti da questo passaparola digitale, che, soprattutto sui social media, può funzionare anche in modo implicito: ovvero, a volte basta semplicemente riferirsi ad un prodotto o mostrarlo in una foto, senza alcuna raccomandazione esplicita a riguardo, per influenzare i comportamenti di acquisto (Bhatt *et al.*, 2010).

Diverso è il discorso riguardo all'impatto dei social media su altri tipi di scelte non di consumo, in particolare su quelle politiche: qua l'evidenza empirica, ad esempio, su quanti "voti sposta Twitter" [33] (o qualche altro social media) è decisamente più scarna (Shirky, 2011). La campagna presidenziale di Barack Obama nel 2008 (si veda anche la discussione nel Cap. 4) è forse l'esempio meglio conosciuto di un politico che con successo è riuscito a mobilitare un esteso supporto elettorale attraverso i social media (Cogburn e Espinoza-Vasquez, 2011; Crawford, 2009; Swigger, 2012). Altri autori hanno però messo in dubbio la possibilità di generalizzare il caso della campagna di Obama al di fuori del contesto americano, data la caratteristica della politica statunitense di essere molto personalizzata (Karlsen, 2011), e in questo senso più facilmente "spendibile" sui social media. Ad ogni modo, anche in un caso molto diverso da quello americano, ovvero quello olandese, recenti indagini mostrano che sebbene l'impatto dei social media (e in particolare di Twitter) sui voti di preferenza che ottiene un candidato è limitato, tale effetto rimane comunque significativo, in particolare tra quei candidati che mantengono una relazione diretta e continua con i loro follower attraverso i social media (Spierings e Jacobs, 2013). Nel caso dei candidati "zombie" (ovvero di candidati che sono presenti sui social media ma che non li usano: Crawford, 2009; Wilson, 2009) questo effetto invece scompare.

Comunque sia, proprio la possibilità percepita di incidere sulle scelte degli utenti dei social media (una percezione non sempre corroborata dalla realtà, come appena visto, e non valida in tutte le circostanze) ha dato il via ad un crescente utilizzo, che possiamo definire *top-down*, della rete (e dei social media) direttamente da parte di aziende, brand, istituzioni così come di partiti e leader politici.

Gli utilizzi top-down più comuni da parte delle aziende sono la creazione di *community* su prodotti o brand, la condivisione di informazioni su novità e fatti rilevanti, la possibilità di avere un contatto immediato e tempestivo con i consumatori, tutti fattori che permettono di consolidare e trasmettere valori di brand o aziendali (Zarella, 2009a; 2013). I social media costituiscono anche dei canali di comunicazione a basso costo preziosi per acquisire una conoscenza migliore del profilo dei clienti.

Ma quello che avviene per le aziende, vale anche per la politica: pur con le differenze del caso, il *microtargeting*, ovvero l'impiego di tecniche di *data mining* per la segmentazione del mercato insieme a strategie di marketing diretto volte a trasmettere messaggi personalizzati per ogni gruppo di elettori, è ampiamente utilizzato durante le campagne elettorali. Vitak *et al.* (2010), ad esempio, hanno investigato l'utilizzo di Facebook da parte degli studenti universitari americani come strumento politico nel mese antecedente alle elezioni presidenziali del 2008, osservando che tendenzialmente gli studenti sono stati coinvolti in attività politiche mirate come la condivisione di aggiornamenti e messaggi di natura politica che provenivano in modo esplicito dagli stessi candidati. D'altra parte, altre analisi hanno mostrato come i leader politici, proprio attraverso i social media, cerchino di influenzare non solo quello di cui parlano i media tradizionali (e attraverso questi come il pubblico più in generale percepisca determinate questioni che altrimenti potrebbero finire per essere ignorate), ma anche come se ne parli, ovvero quali aspetti privilegiare di una notizia e quale salienza dargli (Parmelee, 2013).

### 1.3.1
**Social media e previsioni**

L'altro grande approccio di ricerca sui social media adotta invece una prospettiva sostanzialmente *bottom-up*. Ed è proprio su questa *secondo prospettiva* che ci concentreremo nei successivi capitoli. Ovvero i social media come moderna agorà da studiare in modo appropriato e da cui estrarre informazione in grado di fornirci un aiuto prezioso per comprendere l'evoluzione di fenomeni sociali complessi. Una estesa fonte di dati (si parla di Big Data, dopotutto, e con le dimensioni discusse in precedenza) per comprendere l'opinione di chi ci scrive e/o il cambiamento di tale opinione a seguito di qualche accadimento esterno. Insomma, alla stregua di un sondaggio demoscopico ma con l'ambizione di catturare dinamiche che mutano e si modificano in modo continuo da un momento all'altro (Bermingham e Smeaton, 2011). Questo è ciò che in letteratura viene chiamato anche *nowcasting* [22], ovvero la possibilità di produrre *previsioni sul presente*, identificando dinamiche di stadi che si stanno realizzando *in tempo reale*.

In questo filone di ricerca rientrano anche i sempre più numerosi studi che utilizzano i social media per fare vere e proprie previsioni (*forecasting* in inglese) su eventi futuri, e che sfruttano, aggregandola, la "saggezza diffusa" presente sui Big Data. Una saggezza che, proprio perché proveniente da punti di vista spesso profondamente differenti, risulta particolarmente preziosa, come vedremo.

A conferma indiretta di ciò, incominciano a nascere e a diffondersi progetti finanziati direttamente dai governi, proprio con tali ambizioni. Citiamo qui solo i due casi più famosi, entrambi sviluppatisi nel contesto statunitense: da un lato troviamo il programma OSI, *Open Source Indicators* (Weinberger, 2011), che raccoglie ed analizza costantemente i dati e le informazioni che circolano in rete e sui social media nel tentativo di monitorare non solo la diffusione *real-time* di idee, persone e merci, ma anche di fare previsioni riguardo i cambiamenti d'umore dei cittadini in diversi luoghi del mondo. L'idea soggiacente a questo riguardo è che vi sia una stretta relazione tra queste variazioni d'umore e alcuni fenomeni sociali come rivolte, crisi economiche e persino catastrofi naturali. Se questo programma è solo agli inizi, il progetto *Recorded Future* è già ben avviato. Elaborato dalla CIA in collaborazione con Google, questo progetto analizza siti web, blog e account Twitter per cercare relazioni tra persone, organizzazioni, azioni ed eventi, utilizzando la rete ancora una volta come una "sfera di cristallo" in grado di formulare previsioni (Helbing, 2013). Insomma, quello che fino a poco tempo fa era appannaggio solo degli scritti di fantascienza di Isaac Asimov (1996) e della sua "psicostoria" [42], ovvero una futuristica branca del sapere capace di prevedere l'evoluzione della società umana, appare oggi come una concreta possibilità su cui, da più fronti, si sta iniziando a lavorare.

Nella Tabella 1.2 riportiamo alcuni esempi di analisi scientifiche che hanno utilizzato i social media per effettuare *nowcasting* e *forecasting*. Pur non avendo l'ambizione di fornire una guida esaustiva di tali ricerche, la Tabella 1.2 permette comunque di identificare alcune macro-aree e, all'interno delle stesse, le relative tematiche su cui questo approccio di analisi dei social media, "dal basso", si è maggiormente focalizzato. Per ciascun tema di indagine sono fornite inoltre anche le citazioni di alcuni degli studi più rilevanti nel settore, oltre all'elenco delle fonti social da cui sono stati tratti i dati utilizzati dagli stessi. Le analisi relative alle diverse aree tematiche saranno discusse nel prosieguo del capitolo, ad eccezione di quelle relative alla previsione della felicità, che verranno discusse nel Cap. 3, e alle previsioni in ambito politico elettorale, tema che sarà affrontato dettagliatamente nel Cap. 4.

Una prima grande area su cui le analisi previsionali partendo dai social media si sono concentrate riguardano le *tematiche economiche*, sia a livello macro-

**Tabella 1.2** Argomenti studiati sui social media in relazione al tema delle "previsioni"

| Area | Previsione/Stima | Fonte | Citazioni |
|---|---|---|---|
| Economia | Indici in borsa | Twitter; Google; Blog | Bollen et al., 2011; Gilbert e Karahalios, 2010; Preis et al., 2012; Zhang e Fuehres, 2011; Zhang et al., 2012 |
| | Volatilità dei mercati finanziari | Forum | Antweiler e Frank, 2004 |
| | Indicatori macroeconomici | Google | McLaren e Shanbhogue, 2011 |
| Epidemiologia | Diffusione influenza e altre malattie | Google; Twitter | Achrekar et al., 2013; Cook et al., 2011; Freifeld et al., 2008; Ginsberg et al., 2009; Lampos e Cristianini 2012; Signorini et al., 2011; Valdivia et al., 2010; |
| | Probabilità di malattie e decessi | Wikipedia e varie | Radinsky e Horvitz, 2012 |
| Marketing | Acquisto/consumo di prodotti | Blog; Google | Gruhl et al., 2005; Liviu, 2011; McLaren e Shanbhogue, 2011 |
| | Incassi al box office | Twitter | Asur e Huberman, 2011 |
| Politica | Risultati elettorali | Twitter (principalmente); Facebook | Si veda Cap. 4 |
| | Popolarità dei politici | Twitter | Si veda Cap. 4 |
| | Rivolte | Google; Wikipedia e varie, Twitter | Kalev, 2011; Koehler-Derrick e Goldstein, 2011; Radinsky e Horvitz, 2012 |
| Psicologia | Umore e stati d'animo | Twitter | Lansdall-Welfare, 2012 |
| | Felicità | Twitter | Si veda Cap. 3 |
| Sismologia | Individuazione di terremoti | Twitter | Sakaki et al., 2013 |
| Società | Vincitori di concorsi televisivi | Twitter | Ciulla et al., 2012 |
| | Auditel | Twitter | – |
| | Risultati sportivi | Twitter | UzZaman et al., 2012 |
| | Vincitori Oscar | Varie | Bothos et al., 2010; Liviu, 2011 |

economico che a livello micro. Diversi studi mettono innanzitutto in relazione il *sentiment*, ovvero lo stato di umore delle persone in rete (come vedremo nel Cap. 2 più in dettaglio), con parametri economici quali ad esempio l'andamento della Borsa. Antweiler e Frank (2004) dimostrano ad esempio come il volume di commenti pubblicati su forum specializzati in questioni finanziarie sia un buon indicatore della volatilità dei mercati azionari. Altri autori, analizzando l'umore della rete attraverso i commenti pubblicati su blog (Gilbert e Karahalios, 2010) o, e soprattutto, su Twitter (Bollen *et al.*, 2011), hanno notato come questo sia in grado di prevedere le variazioni dell'indice Dow Jones (Zhang e Fuehres, 2011), così come il prezzo dell'oro, del petrolio e i tassi di cambio delle valute (Zhang *et al.*, 2012).

Le tensioni e le preoccupazioni relative al verificarsi di eventi importanti misurate attraverso la *sentiment analysis* permetterebbero dunque di stimare l'andamento nel tempo dei mercati azionari. Un'ulteriore analisi, sempre relativa al Dow Jones, mostra come misurando le variazioni nei volumi delle ricerche effettuate sul motore di ricerca Google relative ad una serie di parole chiave legate all'economia, si possa addirittura individuare il momento opportuno per investire in borsa (Preis *et al.*, 2013).

Il volume dei dati relativo alle ricerche fatte su Google è stato anche utilizzato dai ricercatori della Banca d'Inghilterra (McLaren e Shanbhogue, 2011) per misurare tre diversi aspetti. Da un lato è stato analizzato l'andamento del mercato del lavoro facendo riferimento ad un classico parametro macroeconomico, come la disoccupazione. Dall'altro lato sono stati analizzati dati relativi agli agenti immobiliari, riuscendo a prevedere l'andamento del mercato immobiliare e di conseguenza la probabilità di un aumento degli acquisti. Infine, gli autori hanno anche registrato una correlazione tra le ricerche relative all'imposta sul valore aggiunto e l'indice di fiducia dei consumatori, anche se, a dire il vero, in relazione a quest'ultimo aspetto l'analisi non è stata in grado di spiegare con accuratezza il comportamento dei consumatori e richiede dunque ulteriori approfondimenti.

Passando all'area del *marketing*, alcuni studi hanno tentato di prevedere l'andamento delle vendite (Liviu, 2011) focalizzandosi sui commenti pubblicati via blog e Twitter relativi, ad esempio, a libri (Gruhl *et al.*, 2005) o film (Asur e Huberman, 2011). Quest'ultima analisi è di particolare interesse perché mostra come sia possibile anticipare in modo decisamente fedele gli incassi finali al botteghino analizzando i volumi ed il *sentiment* dei commenti postati sui social media relativi ai film appena usciti in anteprima. I gusti dei consumatori tout court sembrano dunque essere prevedibili, così come possono esserlo le scelte effettuate dai "consumatori-elettori", aspetto che verrà discusso approfonditamente nel Cap. 4, come già detto. Nello stesso modo è anche possibile misurare le preferenze dei "consumatori-telespettatori". Ad esempio, uno studio di Ciulla *et al.* (2012) ha analizzato i dati geolocalizzati raccolti tramite Twitter per prevedere il vincitore del concorso televisivo *American Idol*, una competizione canora che si svolge negli Stati Uniti ed è organizzata seguendo il modello dei "reality show", in cui è il pubblico a decretare il vincitore attraverso il "televoto". Attraverso una serie di ipotesi legate alla rappresentatività degli utenti che condividono messaggi connessi allo show e alle loro motivazioni, questa analisi è riuscita ad anticipare correttamente quali fossero i concorrenti di volta in volta eliminati così come il vincitore finale. Lo stesso è accaduto anche in altre occasioni in cui il pubblico è stato coinvolto in modo prioritario nella selezione del vincitore di un concorso, come ad esempio in occasione del Festival di Sanremo sia nel 2012 [34] che nel 2013 [35, 36, 37]. Questa stretta relazione tra audience televisiva e flusso di commenti pubblicati in rete ha fatto scaturire l'idea di misurare i dati auditel proprio attraverso i social media. Un fatto che non dovrebbe sorprendere, dato che una percentuale tra il 38% (in Europa) e il 52% (in America del Sud) interagisce in qualche forma con i social media mentre guarda la televisione (Smith, 2013). E infatti negli Stati Uniti, la società Nielsen ha raggiunto un accordo con Twitter per inglobare i commenti social nel computo dell'auditel [38].

Altre ricerche si concentrano invece sulla possibilità di anticipare eventi che non dipendono direttamente dalle preferenze degli utenti dei social media. Ad esempio, diversi studi hanno mostrato le potenzialità dei social media nel prevedere i vincitori degli Oscar del cinema (Bothos et al., 2010; Liviu, 2011), che come ben si sa, a differenza degli esempi discussi in precedenza, vengono assegnati da una giuria di esperti e non vengono decretati in base al voto del pubblico. In modo simile, ovvero in base all'idea che i social media possano essere in grado di funzionare come una sorta di "cervello collettivo" capace di aggregare con successo aspettative individuali diffuse (un punto su cui torneremo), alcune analisi su Twitter hanno mostrato la capacità di prevedere le tracce di attualità selezionate per i temi dell'esame di maturità, utilizzando solo i *rumors* (pettegolezzi) vociferati on-line dagli studenti [39, 40].

Un tipo analogo di analisi è stata effettuata anche in ambito *sportivo*. UzZaman *et al.* (2012) hanno ad esempio provato ad identificare i risultati dei mondiali di calcio del 2010 attraverso Twitter. I loro dati mostrano che l'analisi si avvicina ai pronostici fatti dagli scommettitori, risultando, in alcuni casi, utile per effettuare scommesse vincenti. Un dato confermato anche nel caso del campionato di calcio di Serie A 2012/13, la cui classifica per le prime posizioni è stata prevista utilizzando le sole aspettative degli utenti Twitter pubblicate in pieno calciomercato nell'agosto del 2012 [41].

In campo *politico*, non sono mancati gli studi volti a cercare di prevedere lo scoppio di disordini o la possibilità di colpi di stato, come fatto ad esempio da Radinsky e Horvitz (2012), che utilizzano l'archivio di notizie del New York Times assieme a dati *open source* provenienti da Wikipedia e da altre fonti web, o da Kalev (2011), che usando in modo simile un mix di fonti (social media e news pubblicate sui giornali in rete) mostra come sarebbe stato possibile prevedere le rivolte in Tunisia, Libia ed Egitto (sul caso dell'Egitto, si veda anche Koehler-Derrick *et al.*, 2011), e la sostanziale stabilità dell'Arabia Saudita, fino ad identificare con un raggio di 200 chilometri il nascondiglio di Osama Bin Laden.

Un'ultima area in cui i social media vengono utilizzati per fare previsioni è legata alle *scienze mediche* e *naturali*, come epidemiologia, biologia e psicologia, e si spinge fino a stimare attraverso la rete i danni provocati da fenomeni naturali quali i terremoti.

Già a partire dal 2009, Google (attraverso *Google Flu Trends*) ha iniziato a monitorare le ricerche eseguite con parole chiave relative ai sintomi influenzali dimostrando che queste ricerche sono utili per prevedere lo scoppio di una epidemia (Freifeld *et al.*, 2008). Il numero di ricerche effettuate su Google è infatti correlato con la frequenza della rilevazione di sintomi influenzali nella popolazione. Questo, a sua volta, ha permesso di stimare il livello di influenza registrato settimanalmente in ciascuno stato degli Stati Uniti (Ginsberg *et al.*, 2009). La validità di questa analisi è stata confermata anche da successive ricerche effettuate nei paesi europei, dimostrando che i dati di Google sono efficaci ai fini di sorveglianza e prevenzione (Valdivia *et al.*, 2010). Tuttavia, le previsioni effettuate tramite Google Trends non sempre si sono rivelate accurate [43, 44], tendendo a sovrastimare la diffusione del virus (Cook *et al.*, 2011)

Più di recente, altre analisi sono state effettuate utilizzando i dati raccolti su Twitter (Achrekar *et al.*, 2013; Lampos e Cristianini, 2012; Signorini *et al.*, 2011). Lampos e Cristianini (2012) ad esempio hanno monitorato e previsto la propagazione stagionale dell'influenza nei centri urbani in Inghilterra, mentre Signorini *et al.* (2011) hanno analizzato non solo la diffusione dell'influenza negli Stati Uniti ma anche l'evoluzione del sentiment relativo al pericolo di una pandemia prodotta dal virus H1N1.

L'utilità dell'analisi di Twitter per la scienza medica è stata confermata anche da altri lavori che hanno permesso non solo di individuare e geolocalizzare i sintomi delle malattie, ma anche di valutare i fattori di rischio in base ai comportamenti umani e di misurare quali farmaci e terapie siano stati impiegati per curare le diverse malattie (Paul e Drezde, 2011).

Sempre ai fini di previsione, prevenzione e sorveglianza, l'analisi dei social media può diventare importante anche per le scienze naturali. In particolare, l'analisi di Twitter è stata applicata al monitoraggio istantaneo (ovvero a quello che abbiamo definito *nowcasting*) dei terremoti permettendo di individuarne l'epicentro e la traiettoria in modo più accurato rispetto ad altre tecniche (Sakaki *et al.*, 2013). Inoltre, l'analisi dei tweet relativi ai sismi avvenuti recentemente in Giappone ha portato a rilevare in modo tempestivo il verificarsi di un terremoto e ha permesso quindi di darne comunicazione alla popolazione più rapidamente rispetto alle tempistiche richieste dalle tradizionali strutture di prevenzione.

Ulteriori analisi arrivano persino a misurare l'evoluzione dell'umore di una collettività in base al contenuto dei messaggi pubblicati sui social media concentrandosi sul livello di stress o sulla diffusione di sentimenti quali rabbia o gioia (Lansdall-Welfare *et al.*, 2012). Questi lavori, che hanno a loro volta implicazioni per le scienze mediche e per la psicologia, anche in chiave preventiva, danno adito a possibili utilizzi più ampi, legati alla valutazione del grado di benessere dei cittadini e allo sviluppo di politiche pubbliche mirate a migliorarne la felicità. Tutti aspetti su cui torneremo più approfonditamente nel Cap. 3.

## 1.4
## I vantaggi dell'analisi via Twitter

Tra i principali aspetti che emergono dalla rassegna appena esposta, *due* ci appaiono interessanti da sottolineare. In primo luogo, la grande varietà di metodi impiegati. Dal conteggio delle menzioni, all'applicazione di dizionari ontologici, all'analisi di network, ai metodi supervisionati, le tecniche non mancano. Il prossimo capitolo sarà diretto proprio a discutere questa varietà di metodi disponibili per analizzare i social media, presentandone pregi e difetti, prima di concentrarsi su quello che attualmente appare la tecnologia più promettente per tutta una serie di fattori, ovvero il metodo *iSA* (*integrated Sentiment Analysis*). In secondo luogo, anche se alcune analisi hanno utilizzato Google, Wikipedia, Facebook o i blog, Twitter è la fonte di dati più utilizzata in assoluto, ed è l'unica ad essere stata impiegata in tutte le diverse aree di studio.

La ragione della popolarità di Twitter è da ricondurre ad una serie di fattori. Innanzitutto la percentuale di profili pubblici, il cui contenuto è quindi direttamente consultabile dal ricercatore attraverso lo streaming API (*Application Programming Interface*) fornito da Twitter stesso,[7] è decisamente più elevata rispetto agli altri social media. Ad esempio, nel 2012, poco più dell'11% degli utenti Twitter utilizzavano dei profili privati [23] rispetto ad oltre il 53% di Facebook [24]. Questo trasforma Twitter in una vera e propria miniera di dati liberi.

D'altra parte, usando Twitter è possibile anche effettuare un monitoraggio geolocalizzato, ovvero identificare la latitudine e la longitudine dell'utente del social media nel momento in cui questo decide di "postare" un messaggio, qualora tale utente abbia ovviamente scelto di rendere accessibili le informazioni relative alla sua localizzazione [25]. Come avremo modo di vedere, questa possibilità arricchisce di molto il tipo di analisi che si possono effettuare.

In terzo luogo, e per concludere, la presenza di hashtag, come già discusso in precedenza, permette di farsi "trovare" e di essere letti da un pubblico più vasto,[8] collegando tra di loro temi di discussione provenienti da utenti che non si conoscono direttamente, ma che sono uniti proprio per il fatto di esprimere un'opinione su un argomento di interesse comune. Questo rafforza il carattere di generalità delle tematiche discusse e rende davvero Twitter uno spazio pubblico in cui le stesse preferenze degli utenti si possono financo modellare e modificare attraverso quello che viene chiamato un "discorso riflessivo" (Ampolfo *et al.*, 2011). E non è un caso che proprio Twitter, nonostante l'apparente vincolo dei 140 caratteri, abbia non solo "l'abilità di guidare il traffico di informazioni tra tutte le piattaforme online" più di altri canali social (Parmelee e Bichard, 2012), ma anche la capacità di identificare quali saranno i temi oggetto di discussione sugli altri media. Coerentemente con quanto appena discusso, anche noi nei capitoli più applicativi di questo libro (il terzo e il quarto) ci focalizzeremo proprio sull'analisi dei contenuti pubblicati su Twitter.

**Riferimenti web**

1. Internet World Stats, [Online]. Available: http://www.internetworldstats.com/stats.htm. [Accessed luglio 2013].
2. Audiweb.it, "Ricerca di Base sulla diffusione dell'online in Italia e i dati di audience del mese di marzo 2013," 6 maggio 2013. [Online]. Available: http://www.audiweb.it/ cms/view.php?id=6&cms_pk=285.

---

[7] Per scaricare i tweet, ad ogni modo, lo streaming API deve avvenire attraverso dei web crawler, ovvero dei software che acquisiscono una copia testuale di tutti i post visitati sui social media, rendendoli accessibili a terzi.

[8] L'importanza degli hashtag è stata recentemente accolta anche da Facebook e Google+, i quali hanno introdotto funzionalità simili sulle loro piattaforme nel corso della seconda metà del 2013.

3. Audiweb.it, "Indagine relativa all'audience online italiana nel mese di maggio 2013," 1 luglio 2012. [Online]. Available: http://www.audiweb.it/cms/view.php?id=6&cms_pk= 291.
4. Facebook, "First Quarter 2013 Results," 1 maggio 2013. [Online]. Available: http://investor.fb.com/releasedetail.cfm?ReleaseID=761090.
5. eMarketer.com, "Which Social Networks Are Growing Fastest Worldwide?," 13 maggio 2013. [Online]. Available: http://www.emarketer.com/Article/Which-Social-Networks-Growing-Fastest-Worldwide/1009884.
6. Business Insider, "Suddenly, Google Plus Is Outpacing Twitter To Become The World's Second Largest Social Network," 1 maggio 2013. [Online]. Available: http://www.businessinsider.com/google-plus-is-outpacing-twitter-2013-5.
7. Statistic Brain, "Twitter Statistics," 5 luglio 2013. [Online]. Available: http://www.statisticbrain.com/twitter-statistics/.
8. F. Russo, " Lo Stato dei Social Media Q1 2013, più Mobile e più utenti maturi," 2 maggio 2013. [Online]. Available: http://www.franzrusso.it/condividere-comunicare/stato-social-media-q1-2013-mobile-utenti-maturi/.
9. Global Web Index, "Social platforms GWI.8 update: Decline of Local Social Media Platforms," 22 gennaio 2013. [Online]. Available: https://www.globalwebindex.net/social-platforms-gwi-8-update-decline-of-local-social-media-platforms/.
10. T. Wasserman, "Report: Google+ Visitors Spent an Average of About 7 Minutes on the Site in March," 10 maggio 2013. [Online]. Available: http://mashable.com/2013/05/10/google-has-20-million-u-s-monthly-mobile-users-report-says/.
11. L. Dello Iacovo, "Facebook rallenta negli Usa e in Gran Bretagna. In Italia invece continua a correre," 29 aprile 2013. [Online]. Available: http://www.ilsole24ore.com/art/tecnologie/2013-04-29/facebook-rallenta-alcune-nazioni-190317.shtml?uuid=AbnVyerH.
12. F. Russo, "Facebook Q1 2013, la Crescita arriva dal Mobile," 2 maggio 2013. [Online]. Available: http://www.franzrusso.it/condividere-comunicare/facebook-q1-2013/.
13. Internet World Stats, "Facebook users in the world," [Online]. Available: http://www.internetworldstats.com/facebook.htm. [Accessed luglio 2013].
14. Social Bakers, "Italy Facebook Statistics," [Online]. Available: http://www.socialbakers.com/facebook-statistics/italy. [Accessed luglio 2013].
15. MEC:Consulting, "MEC:Consulting, tutti i numeri del Twitter tricolore," 28 gennaio 2013. [Online]. Available: http://www.advertiser.it/201301281828/ricerche/mecconsulting-tutti-i-numeri-del-twitter-tricolore.
16. Globalwebindex.com, "Twitter Now The Fastest Growing Social Platform In The World," 28 gennaio 2013. [Online]. Available: https://www.globalwebindex.net/twitter-now-the-fastest-growing-social-platform-in-the-world/.
17. Washingtonpost.com, "Twitter turns 7: Users send over 400 million tweets per day," 21 marzo 2013. [Online]. Available: http://articles.washingtonpost.com/2013-03-21/business/37889387_1_tweets-jack-dorsey-twitter.

18. Blogmeter, "State of the Net 2013 parte 1: lo scenario italiano," 2013 giugno 1. [Online]. Available: http://vincos.it/2013/06/01/state-of-the-net-2013-parte-1-lo-scenario-italiano/.
19. Affaritaliani.it, "Twitter, 4,7 milioni di utenti settimanali in Italia," 28 gennaio 2013. [Online]. Available: http://www.affaritaliani.it/mediatech/twitter-italia280113.html?refresh_ce.
20. Social Bakers, "Facebook in crisi, persi 9 milioni di utenti in 6 mesi. Twitter in continua crescita," 14 giugno 2013. [Online]. Available: http://www.clandestinoweb.com/sondaggi-da-tutto-il-mondo/110746-facebook-in-crisi-persi-9-milioni-di-utenti-in-6-mesi-twitter-in-continua-crescita/.
21. eMarketer.com, "Travelers Worldwide Look to Google+ as a Research Tool," 8 maggio 2013. [Online]. Available: http://www.emarketer.com/Article/Travelers-Worldwide-Look-Google-Research-Tool/1009874.
22. Wikipedia, "Nowcasting (economics)," [Online]. Available: http://en.wikipedia.org/wiki/Nowcasting_(economics). [Accessed luglio 2013].
23. Beevolve, "An Exhaustive Study of Twitter Users Across the World," 10 ottobre 2012. [Online]. Available: http://temp.beevolve.com/twitter-statistics/.
24. Digital Trends, "Study finds Facebook users more private than ever," 21 febbraio 2012. [Online]. Available: http://www.digitaltrends.com/web/study-finds-facebook-users-more-private-than-ever/.
25. P. Kumar, "Twitter's Geography: Visualized and Explained," 17 giugno 2013. [Online]. Available: http://blogs.law.harvard.edu/internetmonitor/2013/06/17/twitters-geography-visualized-and-explained/.
26. Techcrunch.com, "Facebook's Growth Since IPO In 12 Big Numbers," 17 maggio 2013. [Online]. Available: http://techcrunch.com/2013/05/17/facebook-growth/.
27. MobileBurn, "Google Play reviews now require Google+ account," 27 novembre 2012. [Online]. Available: http://www.mobileburn.com/20928/news/google-play-reviews-now-require-google-account.
28. The Wall Street Journal, "There's No Avoiding Google+," 2 gennaio 2013. [Online]. Available: http://online.wsj.com/article/SB10001424127887324731304578193781852024980.html?mod=e2tw.
29. "Comunicare o no la crisi su Twitter durante presunti attentati come a Boston?," 16 aprile 2013. [Online]. Available: http://www.gqitalia.it/hi-tech/articles/2013/4/comunicare-o-no-la-crisi-su-twitterdurante-presunti-attentati-come-a-boston.
30. C. Bancone, "L'attentato di Boston. La rete racconta," 18 aprile 2013. [Online]. Available: http://www.cinziabancone.it/2013/04/18/lattentato-di-boston-la-rete-racconta.html.
31. LiberoQuotidiano.it, "La Consob indaga su Gad Lerner: su twitter ha "anticipato" l'affare La7," 4 marzo 2013. [Online]. Available: http://www.liberoquotidiano.it/news/1196458/La-Consob-indaga-su-Gad-Lerner-su-twitter-ha-anticipato-l-affare-La7.html.

32. Investire Oggi- Finanza e borse, "Vendita La7 a Cairo: TI Media crolla, Adusbef contro annuncio Lerner," 5 marzo 2013. [Online]. Available: http://www.investireoggi.it/finanza-borsa/vendita-la7-a-cairo-ti-media-crolla-adusbef-contro-annuncio-lerner/.
33. LoSpazioDellaPolitica.com - Dinu Amenduni, "I voti dei social media e i voti veri," 27 gennaio 2013. [Online]. Available: http://www.lospaziodellapolitica.com/2013/01/i-voti-dei-social-media-e-i-voti-veri/.
34. Voices from the Blogs, "E il vincitore di Sanremo per la rete è...," 16 febbraio 2012. [Online]. Available: http://voicesfromtheblogs.com/2012/02/16/cinguettii-da-sanremo/.
35. Voices from the Blogs, "#Sanremo2013: e il Twitter-Oracolo parlò ancora una volta," 17 febbraio 2013. [Online]. Available: http://voicesfromtheblogs.com/2013/02/17/sanremo2013-e-il-twitter-oracolo-parlo-ancora-una-volta/.
36. Almawave, "Almawave: Effetto "Sanremo + Social", il Festival come moltiplicatore della platea di fans su Twitter e Facebook per tutti i cantanti in gara," 15 febbraio 2013. [Online]. Available: http://www.almaviva.it/IT/SalaStampa/ComunicatiStampa/2013/Pagine/Almawave-Effetto-Sanremo-Social.aspx.
37. Blogmeter, "Chi vincerà Sanremo? I favoriti secondo Facebook e Twitter," 15 febbraio 2013. [Online]. Available: http://www.blogmeter.it/blog/2013/02/15/chi-vincera-sanremo-i-favoriti-secondo-facebook-e-twitter/.
38. Blog Twitter, "Coming Soon: Nielsen Twitter TV Rating," 17 dicembre 2012. [Online]. Available: http://blog.twitter.com/2012/12/coming-soon-nielsen-twitter-tv-rating.html.
39. Corriere della Sera - Ribaudo Alessio, "Il tam tam su Twitter "Ho sbagliato pronostico Mio fratello mi odierà"," 21 giugno 2012. [Online]. Available: http://archiviostorico.corriere.it/2012/giugno/21/tam_tam_Twitter_sbagliato_pronostico_co_9_120621040.shtml.
40. Voices from the Blogs, "Maturità 2012 e Social Media: cosa twittano gli studenti?," 19 giugno 2012. [Online]. Available: http://voicesfromtheblogs.com/2012/06/19/tracce-maturita-2012-su-twitter/.
41. Voices from the Blogs, "Campionato di Calcio 2012/13: #TwitterPaul aveva già previsto tutto. L'inizio della "psicostoria"?," 3 maggio 2013. [Online]. Available: http://sentimeter.corriere.it/2013/05/03/campionato-di-calcio-201213-twitterpaul-aveva-gia-previsto-tutto-linizio-della-psicostoria/.
42. Wikipedia, "Psicostoria," [Online]. Available: http://it.wikipedia.org/wiki/Psicostoria. [Accessed luglio 2013].
43. Bits (New York Times) – Nick Bilton, "Disruptions: Data Without Context Tells a Misleading Story" [Online]. Available: http://bits.blogs.nytimes.com/2013/02/24/disruptions-google-flu-trends-shows-problems-of-big-data-without-context/?_r=1.
44. Nature - Declan Butler, " When Google got flu wrong US outbreak foxes a leading web-based method for tracking seasonal flu." [Online]. Available: http://www.nature.com/news/when-google-got-flu-wrong-1.12413.
45. World of Warcraft, "World of Warcraft," [Online]. Available: http://us.battle.net/wow/.
46. Second Life, "Second Life," [Online]. Available: http://secondlife.com/.

## Riferimenti bibliografici

Achrekar H, Gandhe A, Lazarus R, Yu S-H, Liu B (2013) Online Social Networks Flu Trend Tracker: A Novel Sensory Approach to Predict Flu Trends. Biomedical Engineering Systems and Technologies, 5th International Joint Conference, BIOSTEC 2012, Vilamoura, Portugal, February 1–4, 2012, Revised Selected Papers, pp 353–368. doi:10.1007/978-3-642-38256-7_24. Springer Berlin Heidelberg

Ampofo L, Anstead N, O'Loughlin B (2011) Trust, Confidence, and Credibility. Information, Communication & Society 14(6):850–71

Antweiler W, Frank MZ (2004) Is All That Talk Just Noise? The Information Content of Internet Stock Message Boards. The Journal of Finance 59(3):1259–1294

Asimov I (1996) Fondazione anno zero, Collana Urania n. 1287, Arnoldo Mondadori Editore.

Asur S, Huberman BA (2011) Predicting the Future With Social Media. Business Horizons 54(3):241–251

Asur S, Huberman BA, Szabo G, Wang C (2011) Trends in Social Media: Persistence and Decay. Pubblicato in Proceedings of the Fifth International AAAI Conference on Weblogs and Social Media, Barcellona, 17–21 luglio 2011

Bakshy E, Rosenn I, Marlow C, Adamic L (2012) The role of social networks in information diffusion. Pubblicato in Proceedings of the 21st international conference on World Wide Web, pp 519–528

Bandari R, Asur S, Huberman A (2012) The Pulse of News in Social Media: Forecasting Popularity. Pubblicato in Proceedings of the Sixth International AAAI Conference on Weblogs and Social Media, Dublino, 4–7 giugno 2012

Baresch B, Knight L, Harp D, Yaschur C (2011) Friends Who Choose Your News: An analysis of content links on Facebook. International Symposium on Online Journalism

Bennato D, Benothman H, Panconesi A (2010) La diffusione delle informazioni online. Il caso Twitter. Paper presentato al X Convegno nazionale della Associazione Italiana di Sociologia, Milano 23–25 settembre 2010

Bermingham A, Smeaton AF (2011) On using Twitter to monitor political sentiment and predict election results. Sentiment Analysis where AI meets Psychology (SAAIP) Workshop at the International Joint Conference for Natural Language Processing (IJCNLP)

Bhatt R, Chaoji V, Parekh R (2010) Predicting product adoption in large-scale social networks. In Proceedings of the 19th ACM international conference on Information and knowledge management – CIKM '10 83(6):1039

Bollen J, Mao H, Zeng X (2011) Twitter mood predicts the stock market. Journal of Computational Science 2(1):1–8

Bothos E, Apostolou D, Mentzas G (2010) Using Social Media to Predict Future Events with Agent-Based Markets, IEEE Intelligent Systems 25(6):50–58

Boyd D, Golder S, Lotan G.(2010) Tweet, tweet, retweet: Conversational aspects of retweeting on twitter. 43rd Hawaii International Conference on System Sciences, pp 1–10

Cameron AM, Massie AB, Alexander CE, Stewart B, Montgomery RA, Benavides NR, Fleming GD, Segev DL (2013) Social Media and Organ Donor Registration: The Facebook Effect. American Journal of Transplantation 13(8):2059–2065

Ceron A, Curini L, Iacus S, Porro G (2013) Every tweet counts? How sentiment analysis of social networks can improve our knowledge of citizens' policy preferences. An application to Italy and France. New Media & Society, doi:10.1177/1461444813480466

Choy M, Cheong MLF, Laik MN, Shung KP (2011) A sentiment analysis of Singapore Presidential Election 2011 using Twitter data with census correction. arXiv:1108.5520 [stat.AP]

Ciulla F, Mocanu D, Baronchelli A, Gonçalves B, Perra N, Vespignani A (2012) Beating the news using social media: the case study of American Idol. EPJ Data Science 1:8

Chung J, Mustafaraj E (2011) Can collective sentiment expressed on twitter predict political elections. Proceedings of the Twenty-Fifth AAAI Conference on Artificial Intelligence

Cogburn DL, Espinoza-Vasquez FK (2011) From Networked Nominee to Networked Nation: Examining the Impact of Web 2.0 and Social Media on Political Participation and Civic Engagement in the 2008 Obama Campaign. Journal of Political Marketing 10(1–2):189–213

Cook S, Conrad C, Fowlkes AL, Mohebbi MH (2011) Assessing Google Flu Trends Performance in the United States during the 2009 Influenza Virus A (H1N1) Pandemic. PLoS ONE 6(8):e23610. doi:10.1371/journal.pone.0023610

Crawford K (2009) Following you: disciplines of listening in social media. Continuum 23(4):525–535

Dearing JW, Kreuter MW (2010) Designing for diffusion: How can we increase uptake of cancer communication innovations?. Patient Education and Consulting 81:S100–S110

Dodds PS, Harris KD, Kloumann IM, Bliss CA, Danforth CM (2011 Temporal Patterns of Happiness and Information in a Global Social Network: Hedonometrics and Twitter) PLoS ONE 6(12):e26752 doi:10.1371/journal.pone.0026752

Duan W, Gu B, Whinston A (2008) Do online reviews matter? – An empirical investigation of panel data. Decision Support Systems 45(4):1007–1016

Freifeld CC, Mandl KD, Reis BY, Brownstein JS (2008) HealthMap: Global infectious disease monitoring through automated classification and visualization of internet media reports. Journal of the American Medical Informatics Association 15(2):150–157

Gayo-Avello D (2011) Don't turn social media into another 'Literary Digest' poll. Communications of the ACM 54(10):121–128

Gayo-Avello D (2012) I Wanted to Predict Elections with Twitter and all I got was this Lousy Paper – A Balanced Survey on Election Prediction using Twitter Data. arXiv:1204.6441 [cs.CY]

Gayo-Avello D, Metaxas PT, Mustafaraj E (2011) Limits of Electoral Predictions Using Twitter. Proceedings of the Fifth International AAAI Conference on Weblogs and Social Media

Gilbert E, Karahalios K (2010) Widespread worry and the stock market. In Proceedings of the International Conference on Weblogs and Social Media 2(1):229–247

Ginsberg J, Mohebbi M, Patel R, Brammer, Smolinski ML, Brilliant L (2009) Detecting influenza epidemics using search engine query data. Nature 457:1012–1014

Gloor P.A, Krauss J, Nann S, Fischbach K, Schoder D (2009) Web Science 2.0: Identifying Trends through Semantic Social Network Analysis. International Conference on Computational Science and Engineering 4:215–222

Golder SA, Macy MW (2011) Diurnal and Seasonal Mood Vary with Work, Sleep, and Daylength Across Diverse Cultures. Science 333(6051):1878–1881

Gruhl D, Guha R, Kumar R, Novak J, Tomkins A (2005) The predictive power of online chatter. In: Proceeding of the eleventh ACM SIGKDD international conference on Knowledge discovery in data mining – KDD, 18(2)78

Gulati GJ, Williams CB (2013) Social Media and Campaign 2012: Developments and Trends for Facebook Adoption. Social Science Computer Review. doi:10.1177/0894439313489258

Hannak A, Anderson E, Barrett LF, Lehmann S, Mislove A, Riedewald M (2012) Tweetin' in the Rain: Exploring Societal-scale Effects of Weather on Mood. Proceedings of the Sixth International AAAI Conference on Weblogs and Social Media

Helbing D (2013) Google as God? Opportunities and Risks of the Information Age. URL: http://arxiv.org/ftp/arxiv/papers/1304/1304.3271.pdf

Hennig-Thurau T, Gwinner KP, Walsh G, Gremle DD (2004) Electronic word-of-mouth via consumer-opinion platforms: What motivates consumers to articulate themselves on the Internet?. Journal of Interactive Marketing 18(1):38–52

Hermida A (2009) The blogging BBC. Journalism Practice 3(3):268–284

Hopkins D, King G (2010) A Method of Automated Nonparametric Content Analysis for Social Science. American Journal of Political Science 54(1):229–247

Huberman BA, Romero DM, Wu F (2009) Social networks that matter: Twitter under the microscope. First Monday 14(1) URL: http://firstmonday.org/ojs/index.php/fm/rt/printerFriendly/2317/2063

Jansen BJ, Zhang M, Sobel K, Chowdury A (2009) Twitter power: Tweets as electronic word of mouth. Journal of the American Society for Information Science and Technology 60:1–20

Java A, Song X, Finin T, Tseng B (2007) Why we twitter: understanding microblogging usage and communities. Proceedings of the 9th WebKDD and 1st SNA-KDD 2007 workshop on Web mining and social network analysis, pp 56–65

Joinson AN (2008) Looking at, looking up or keeping up with people? Motives and use of Facebook, Proceedings of the twenty-sixth annual SIGCHI conference on Human factors in computing systems, pp 1027–1036

Jungherr A, Jürgens P, Schoen H (2012) Why the Pirate Party Won the German Election of 2009 or The Trouble With Predictions: In: Tumasjan A, Sprenger TO, Sander PG, Welpe IM (eds) Predicting Elections With Twitter: What 140 Characters Reveal About Political Sentiment. Social Science Computer Review 30(2):229–234

Kalev L (2011) Culturomics 2.0: Forecasting large-scale human behavior using global news media tone in time and space. First Monday 15(9)

Kaplan AM, Haenlein M (2010) Users of the world, unite! The challenges and opportunities of Social Media. Business Horizons 53(1):59–68

Karlsen R (2011) A platform for individualized campaigning? Social media and Parliamentary candidates in the 2009 Norwegian election campaign. Policy & Internet 3(4):1–25

Kietzmann JH, Hermkens K, McCarthy IP, Silvestre BS (2011) Social media? Get serious! Understanding the functional building blocks of social media. Business Horizons 54(3):241–251

Koehler-Derrick G, Goldstein J (2011) Using Google Insights to Assess Egypt's Jasmine Revolution. CTC Sentinel 4(3):4–8. Disponibile su: http://www.ctc.usma.edu/posts/using-google-insights-to-assess-egypt%E2%80%99s-jasmine-revolution

Kwok L, Yu B (2013) Spreading Social Media Messages on Facebook An Analysis of Restaurant Business-to-Consumer Communications. Cornell Hospitality Quarterly

Lampos V, Cristianini N (2012) Nowcasting Events from the Social Web with Statistical Learning. ACM Transactions on Intelligent Systems and Technology 3(4)

Lansdall-Welfare T, Lampos V, Cristianini N (2012) Nowcasting the mood of the nation. Significance 9(4):26–28

Lee JK (2009) Incidental exposure to news: Limiting fragmentation in the new media environment. Doctoral dissertation. University of Texas at Austin. Retrieved from http://repositories.lib.utexas.edu/

Leskovec J, Adamic L (2007) The dynamics of viral marketing ACM Transactions on the Web 1:1
Liviu L (2011) Predicting Product Performance with Social Media. Informatics in education 15(2):46–56
McLaren, N., e R. Shanbhogue (2011) "Using internet search data as economic indicators". Bank of England Quarterly Bulletin. Q2 2011:134–140
Metaxas PT, Mustafaraj E, Gayo-Avello D (2011) How (Not) to Predict Elections. IEEE 3rd international conference on social computing (socialcom)
Marwick A, Boyd D (2011) The drama! Teen conflict, gossip, and bullying in networked publics. A Decade in Internet Time: Symposium on the Dynamics of the Internet and Society
O'Connor, Balasubramanyan BR, Routledge BR, Smith NA (2010) From tweets to polls: Linking text sentiment to public opinion time series. Proceedings of the Fourth International AAAI Conference on Weblogs and Social Media
Radinsky K, Horvitz E (2013) Mining the web to predict future events. In proceedings of the 6th ACM International Conference on Web Search and Data Mining, 4–8 febbraio 2013 Rome, Italy
Park C, Lee T (2009) Information direction, website reputation and eWOM effect: A moderating role of product type, Journal of Business Research 62(1):61–67
Parmelee JH (2013) The agenda-building function of political tweets. New Media Society. doi:10.1177/1461444813487955
Parmelee JH, Bichard SL (2011) Politics and the Twitter Revolution: How Tweets Influence the Relationship between Political Leaders and the Public. Lexington Books
Paul MJ, Dredze M (2011) You Are What You Tweet: Analyzing Twitter for Public Health. Association for the Advancement of Artificial Intelligence
Preis T, Moat HS, Stanley HE (2013) Quantifying Trading Behavior in Financial Markets Using Google Trends. Scientific Reports 3, article no. 1684
Radinsky K, Horvitz E (2013) Mining the Web to Predict Future Events. Proceedings of the sixth ACM international conference on Web search and data mining, pp 255–264
Sakaki T, Okazaki M, Matsuo Y (2013) Earthquake Shakes Twitter Users: Real-time Event Detection by Social Sensors. Knowledge and Data Engineering, IEEE Transactions 25(4):919–931
Sang ETK, Bos J (2012) Predicting the 2011 dutch senate election results with twitter. Proceedings of the 13th Conference of the European Chapter of the Association for Computational Linguistics, pp 53–60
Scott JG (2010) Social Network Analysis: A Handbook. Londra: SAGE Publications Ltd
Shirky C (2011) The political power of social media". Foreign Affairs, 90(1):28–41
Signorini A, Segre AM, Polgreen PM (2011) The Use of Twitter to Track Levels of Disease Activity and Public Concern in the U.S. during the Influenza A H1N1 Pandemic. PLoS ONE 6(5): e19467. doi:10.1371/journal.pone.0019467
Smith C (2013) Social Media Demographics: The Surprising Identity Of Each Major Social Network. Disponibile su: http://www.businessinsider.com/a-primer-on-social-media-demographics-2013-9
Spierings N, Jacobs K (2013) Getting Personal? The Impact of Social Media on Preferential Voting. Political Behavior doi:10.1007/s11109-013-9228-2
Swigger N (2012) The Online Citizen: Is Social Media Changing Citizens' Beliefs about Democratic Values? Political Behavior. doi:10.1007/s11109-012-9208-y
Tjong KSE, Bos J (2012) Predicting the 2011 Dutch Senate Election Results with Twitter. Proceedings of the Workshop on Semantic Analysis in Social Media, pp 53–60

Tumasjan A, Sprenger TO, Sandner PG, Welpe IM (2010) Predicting Elections with Twitter: What 140 Characters Reveal about Political Sentiment. Proceedings of the Fourth International AAAI Conference on Weblogs and Social Media

UzZaman N, Blanco R, Matthews M (2012) TwitterPaul: Extracting and Aggregating Twitter Predictions. arXiv:1211.6496 [cs.SI]

Valdivia A, López-Alcalde J, Vicente M, Pichiule M, Ruiz M, Ordobas M (2010) Monitoring influenza activity in Europe with Google Flu Trends: Comparison with the findings of sentinel physician networks – Results for 2009–10. Eurosurveillance 15(29):1–6

Vitak J, Zube P, Smock A, Carr CT, Ellison N, Lampe C (2010) It's complicated: Facebook users' political participation in the 2008 election. Cyberpsychology, Behavior, and Social Networking 14(3):107–114

Wilson RE, Gosling SD, Graham LT (2012) "A Review of Facebook Research in the Social Sciences". Perspectives on Psicological Sciences

Weinberger S (2011) Spies to use Twitter as crystal ball. Nature 478, 301 doi:10.1038/478301a

Yu S, Subhash K (2012) A Survey of Prediction Using Social Media. arXiv:1203.1647 [cs.SI]

Zhang X, Fuehres H (2011) Predicting Stock Market Indicators through Twitter 'I hope it is not as bad as I fear'. In: Proceedings of the 2nd Collaborative Innovation Networks Conference, 2011, 26(1):55–62

Zhang X, Fuehres H, Gloor PA (2012) Predicting Asset Value through Twitter Buzz. In: Advances in Collective Intelligence 2011, New York: Springer, 2012, pp 23–34

Zarella D (2009a) The Social Media Marketing Book. O'Reilly Media: Sebastopoli

Zarella D (2009b) The Science of ReTweets. Disponibile su: http://commerce.idaho.gov/assets/content/docs/Research/science%20of%20retweets.pdf

Zarella D (2013) The Science of Marketing: When to Tweet, What to Post, How to Blog, and Other Proven Strategies. Wiley: Hoboke, NJ

# Opinion Mining e integrated Sentiment Analysis (*i*SA)

2

- Principi fondamentali di una corretta analisi testuale
- Le diverse metodologie di analisi
- I vantaggi della integrated Sentiment Analysis
- Un esempio illustrativo

*Romance should never begin with sentiment.*
*It should begin with science*
*and end with a settlement*
Oscar Wilde, An Ideal Husband

## 2.1
### Dall'analisi del linguaggio alle opinioni

"*Cosa ne pensano gli altri?*" è da sempre la domanda fondamentale di chi ha l'onere di prendere decisioni o vuole capire quali siano stati gli effetti delle decisioni stesse o ancora di chi è interessato a conoscere a fini di studio (o di semplice curiosità). Per la quantità di testi digitali che se ne possono estrarre una miniera inesauribile di opinioni è sicuramente la rete, come abbiamo visto nel Cap. 1. Ma ancora prima dell'esplosione del WWW e dei social media, linguisti assieme a statistici ed esperti di *computer science* hanno riadattato vecchie tecniche e ne hanno sviluppate di nuove per cercare di estrarre il *sentiment* e le *opinioni* dai testi digitali. Come in ogni ambito, ogni tecnica ha i suoi pro e contro e di fatto non esiste "la tecnica migliore" o quella universale, anche se si può discriminare sicuramente quella che ad oggi ha garantito il più alto numero di successi rispetto ad altre. Quindi parafrasando Oscar Wilde: il sentiment non è il punto di partenza ma quello di arrivo.

### 2.1.1
#### Analisi quantitativa e analisi qualitativa dei testi

Uno degli errori più frequenti di chi si avvicina per la prima volta alla sentiment analysis (ovvero l'analisi del "sentimento" contenuto in un testo) è quella di usare la forza bruta dei calcolatori per estrarre informazione, ovvero contare il numero di volte in cui un certo termine compare, il numero di *follower* di un account Twitter, il numero di *like* di un post su Facebook, e così via. Non che queste non siano informazioni, lo sono ad esempio quelle sulla struttura delle reti sociali, ma non producono nessun distillato realmente utile in termini di *sentiment*. Come vedremo nel Cap. 4, se ci si fosse limitati a contare il numero di *follower* dei due contendenti alla Casa Bianca per le elezioni presidenziali del 2012, Obama con circa 16 milioni di *follower* avrebbe dovuto vincere 94 a 6 (con uno scarto quindi di 88 punti percentuali) contro il candidato Romney che all'inizio della campagna aveva circa un milione di *follower*. In realtà lo scarto tra i due è stato inferiore al 4%. Quindi una mera analisi quantitativa non è efficace e può essere addirittura fuorviante, come nel caso delle primarie del centro sinistra dello scorso novembre 2012, in cui Renzi ha fatto registrare 40 mila menzioni su Twitter, pari all'81% delle menzioni totali, contro le circa 15 mila dell'altro candidato Bersani. In base a questa logica Renzi avrebbe dovuto supeare Bersani di 62 punti percentuali e invece è stato Bersani a vincere con un distacco intorno al 10%, al primo turno, e superiore al 20% dopo il ballottaggio. Non si può quindi imputare ai social media o alla *sentiment analysis* l'inefficia di queste previsioni, quanto invece alla particolare modalità scelta per analizzare la rete, che non teneva conto della natura dei dati, e del contentuo dei testi. Ecco quindi che si rende necessaria una analisi che sia in grado di unire la "potenza di fuoco" quantitativa dei Big Data con un approccio più di tipo qualitativo, attraverso cui si possa andare a fondo in un testo per estrarne davvero il significato (o il *sentiment*), al pari di quello che si farebbe in una analisi di focus group su pregi e difetti di un prodotto contrapposta al mero conteggio delle vendite.

## 2.1.2
### I principi fondamentali dell'analisi testuale

Ma cosa si intende per *sentiment analysis* e cosa per *opinion analysis* in questa sede? La prima è riferita all'intensità (positivo/negativo) di un sentimento. La seconda è relativa alle motivazioni dietro tale sentimento (sia esso positivo o negativo). La sentiment analysis è legata strettamente al concetto di *opinion minining*, un termine introdotto per la prima volta da Dave *et al.* (2003) per indicare una tecnica in grado di elaborare una ricerca su parole chiave e di identificare, per ciascun termine, degli attributi (positivo, neutro, negativo) tali per cui, una volta aggregate le distribuzioni di questi termini, diventa possibile estrarre l'opinione associata a ciascun termine chiave. In generale, quasi tutti i lavori successivi producono nella sostanza catalogazione di *sentiment* legati a singole parole chiave (Pang e Lee, 2002 e Pang *et al.*, 2004). Abitualmente, poi, il termine sentiment analysis viene utilizzato in senso lato per indicare genericamente tecniche di analisi testuale (Liu, 2006). Per *opinion analysis*, invece, qui si intende, come già anticipato più sopra, la capacità di estrarre anche le motivazioni che sono alla base di un *sentiment* positivo o negativo.

La tecnica ***iSA*** (*integrated Sentiment Analysis*), derivata dal lavoro di Hopkins e King (2010) è, come vedremo, l'integrazione di sentimenti e motivazioni fondata su solide basi statistiche, e non derivante semplicemente dalla computer science. Ma così come nessun corpo sfugge alle leggi di Newton, nessuna tecnica può scappare ai principi fondamentali dell'analisi testuale (Grimmer e Stuart, 2013) che qui riportiamo.

**Principio 1: Ogni modello linguistico quantitativo è sbagliato, ma qualcuno può essere utile**

Il processo mentale che porta alla produzione di un testo, nessuno escluso, è puramente un mistero. Anche per i più fini linguisti. Ogni singola frase per quanto ponderata e ben costruita può cambiare drasticamente il suo significato per l'inclusione anche di una piccola variazione. In questo testo, tratto da una recensione autentica di un film su un portale dedicato, si legge: "*Questo film promette bene. Sembra avere una bellissima trama, un cast d'eccezione e attori di primo piano e Stallone dà il massimo di sé stesso. Ma non regge*". Le ultime tre parole modificano completamente il senso dell'affermazione, nonostante ci sia una predominanza di termini positivi (cinque positivi contro uno negativo), e lo stesso può accadere in un tweet, quando l'utilizzo di un hashtag, più o meno ironico, in fondo al commento può cambiarne in modo drammatico l'interpretazione. A volte è lo spostamento o l'assenza della punteggiatura a stravolgere il significato di un testo come nella celebre frase attribuita alla Sibilla latina: "*Ibis redibis numquam peribis in bello*", che si può tradurre sia come "*andrai, ritornerai, non morirai in guerra*", ma anche all'opposto, "*andrai, non ritornerai, morirai in guerra*". La lingua è un mezzo per esprimere anche arguzia. Attraverso i doppi sensi: "*ragazza stufa scappa di casa... i genitori muoiono di freddo*", o i giochi di parole: "*ma il turista di massa soggiorna a Carrara?*" o ancora attraverso l'uso delle metafore "*non esiste un vento favorevole per il marinaio che non sa dove andare*" (Seneca).

In sostanza, la complessità del linguaggio è così vasta che qualunque metodo completamente automatico non può che fallire. Ciò nonostante questi metodi possono essere talvolta utili per evidenziare delle ricorrenze. L'errore più frequente è quello di pensare di poter introdurre una quantità crescente di regole semantiche per intercettare tutte le eccezioni presentate poco sopra. Infatti, ogni assunto linguistico predefinito influenza inevitabilmente l'analisi finale e vista la natura del linguaggio corrente, che come tale cambia e si aggiorna di continuo, quelle regole inevitabilmente falliscono nell'intercettare nuove forme verbali (nomignoli, e metafore, ad esempio) producendo classificazioni errate.

**Principio 2: I metodi quantitativi aiutano l'uomo, non lo sostituiscono**

Per i motivi sopra accennati i metodi automatici possono solo velocizzare alcune operazioni di analisi testuale e permettere l'analisi su larga scala di milioni di testi. Possono essere considerati uno strumento che aumenta le capacità umane (come un telescopio o una leva) ma non certo lo strumento che sostituisce l'uomo.

**Principio 3: Non esiste LA tecnica ideale di analisi testuale**

Ogni tecnica è disegnata con scopi ben precisi e si basa su assunti definiti a priori. In più, nel caso dell'analisi testuale, ci sono vincoli aggiuntivi come la lingua stessa (italiano, inglese ecc.), l'argomento di discussione (la politica, l'economia, lo sport), il periodo storico (le stesse parole possono essere *hot*[1] o *cold* a seconda del tempo), l'età e il genere di chi scrive e la natura degli interlocutori (si immagini ad esempio un testo in cui sono due studenti, o uno studente e un insegnante, o due insegnanti a discutere di una prova d'esame), e così via. Ci sono inoltre tecniche dedicate alla classificazione individuale dei testi e quelle studiate per la classificazione aggregata. Nella classificazione individuale lo scopo è attribuire un testo non ancora letto o ambiguo ad una categoria semantica o ad un autore. Nella classificazione aggregata, invece, l'oggetto di interesse è studiare la distribuzione aggregata delle categorie semantiche. Insomma, più che ricercare il classico ago nel pagliaio, in questo secondo caso si cerca di capire la forma che assume, di volta in volta, il pagliaio stesso. *Opinion* e *sentiment analysis* sono connaturate alla classificazione aggregata. Si potrebbe in realtà obbiettare che la distinzione tra classicazione individuale ed aggregata sia artificiosa, dato che la classificazione individuale, dopotutto, può essere utilizzata per produrre anche la distribuzione aggregata. In realtà questo è altamente rischioso, quando non dannoso, come discuteremo nel Par. 2.2.7.

**Principio 4: Validazione dell'analisi**

Ogni nuovo metodo, così come ogni modello, deve poter essere validato dai dati stessi. I metodi *supervised* (supervisionati) cioè quelli per i quali le categorie semantiche sono note a priori o vengono identificate tramite codifica manuale su un sottoinsieme di testi detto *training set*, possono essere facilmente validati in ogni singola analisi, in special modo se si pensa alle tecniche di classificazione individuale. Tale verifica avviene controllando l'attribuzione semantica generata dal metodo e la oggettiva appartenenza semantica del testo tramite semplice lettura post-classificazione. Per i metodi *unsupervised*, dove le categorie semantiche sono identificate a posteriori andando a cercare delle ricorrenze all'interno di gruppi di testi classificati come omogenei oppure l'assegnazione avviene tramite incrocio di dizionari di termini o cataloghi, la validazione è un'attività particolarmente gravosa. In tali circostanze, l'analisi può richiedere la costruzione di esperimenti controllati, come l'inserimento di testi di cui si conosce il contenuto semantico ma dei quali l'algoritmo ignora la classificazione, e verificare che il metodo assegni il documento al gruppo che si presume essere corretto.

---

[1] Per termine *hot* si intende una parola particolarmente legata ad un tema che può anche avere una valenza che si spinge oltre il suo significato semantico. La stessa parola può diventare *cold* quando perde la sua valenza semantica a seguito del cambiamento del un contesto in cui questa viene espressa. Si pensi al termine *"cavaliere"* che può essere *hot* o *cold* a seconda che sia utilizzata per riferirsi al comportamento o al titolo di un individuo.

**Tabella 2.1** Catalogazione delle tecniche di classificazione dei testi

|  |  | Tecnica di classificazione dei testi | |
|---|---|---|---|
|  |  | unsupervised | supervised |
| Tecnica di stima della distribuzione delle opinioni | **individuale** | Analisi individuale unita a dizionari ontologici | Analisi individuale unita a codifica manuale senza a priori |
|  | **aggregata** | Analisi aggregrata unita a dizionari ontologici | Analisi aggregata unita a codifica manuale senza a priori |

## 2.2
## L'analisi dei testi in pratica

Dalla discussione sin qui condotta, sembrano emergere soprattutto due concetti cruciali utili per iniziare ad effettuare una qualunque catalogazione delle varie tecniche di analisi testuale: ovvero la tecnica utilizzata per estrarre il *sentiment* dai testi (stima del sentiment individuale o aggregato) e la tipologia di algoritmi (*supervised* e *unsupervised*). La Tabella 2.1 illustra una prima sintesi di questa classificazione, che ci tornerà utile in seguito.

Prima di entrare nel dettaglio di ogni singolo aspetto, iniziamo però a vedere la fase di *preprocessing*, ovvero come un testo viene trasformato in modo che un algoritmo possa successivamente trattarlo.

### 2.2.1
### Come rendere il testo digeribile ad un modello statistico: lo *stemming*

Abbiamo già detto della complessità del linguaggio, ma fortunatamente non tutta questa complessità è indispensabile per l'analisi testuale. Il processo iniziale, ma fondamentale, è la riduzione del testo in dato quantitativo tale da poter essere trattato da un modello statistico. In un testo sono contenute molte parole o simboli ausiliari che possono essere filtrati attraverso l'analisi preliminare. In generale un *testo* o un *documento* sono parte di un insieme di testi chiamato *corpus* e una collezione di *corpus* viene detto *corpora*. Ci sono algoritmi che sono più efficienti su testi brevi ed altri che lavorano meglio con testi più lunghi ma, indipendentemente della lunghezza, tutti i metodi prevedono un processo simile di riduzione dei testi in matrici di dati. Una delle prime procedure che vengono eseguite è la cosiddetta fase di *preprocessing* dei testi, cioè quella di eliminare l'informazione relativa all'ordine con cui le parole compaiono nel testo (Jurafsky e Martin, 2009).

Dopo le premesse iniziali questo può apparire molto strano ma in realtà continua a valere il Principio numero 2 secondo il quale una eccessiva sovrastruttura del modello linguistico guida inevitabilmente l'analisi verso le ipotesi di partenza rendendo l'intero procedimento una tautologia. Si parla quindi di *"bag of words"* cioè dell'insieme dei termini, senza tener conto dell'ordine. L'esperienza mostra infatti che si può ridurre il testo ad un insieme ridotto di termini detti stilemi (*stem*). Per stilema si intende una singola parola (*unigram*) o, se si vuole dare importanza all'ordine, una coppia di parole (*bigram*) (cioè "Casa Bianca" è diverso da "bianca casa": il primo è un nome il secondo racconta di un particolare tipo di casa) o terne di parole (*trigram*) ecc. In generale considerare stilemi con tre o più parole non fornisce particolare aggiunta di informazione e non aumenta la qualità della classificazione e le procedure di stemming più utilizzate si limitano agli unigrammi.

Gli stilemi non devono necessariamente essere parole intere ma si preferisce invece ridurre il termine alla sua radice fondamentale: *famiglia, famiglie, famigliare* ecc. possono essere descritte dallo stilema *"famig"*. Tutte le congiunzioni, la punteggiatura, gli articoli, le preposizioni, i suffissi e i prefissi, le desinenze verbali ecc. possono essere ugualmente rimossi, così come le parole che all'interno di un *corpus* compaiono troppo frequentemente (ad esempio nel 90% dei testi o più) o troppo raramente (meno del 5% dei testi).

Questa fase di trasformazione di testi in stilemi è detta fase di *stemming* e può essere disegnata e ottimizzata per ciascuna lingua con strumenti considerati sufficientemente robusti.

Ad esempio, supponiamo di aver un *corpus* di testi tratti dall'analisi del *sentiment* sul ritorno all'impiego dell'energia nucleare in Italia. I primi tre testi sono i seguenti:

- testo #1: "`il nucleare conviene perché è economico`"
- testo #2: "`il nucleare produce scorie`"
- testo #3: "`il nucleare mi fa paura per le radiazioni, le scorie e non riduce l'inquinamento`"

Supponiamo che la fase di *stemming* abbia conservato solo le parole segnate in neretto. Quello che avviene ora è che i testi, tutti quelli del *corpus*, vengono trasformati in righe di una matrice dove ciascuna riga rappresenta un testo e in colonna troviamo gli stilemi. Se in un testo la parola appare, nella casella corrispondente della matrice troveremo un 1, altrimenti uno 0. Anche in questo caso anziché un 1 si potrebbe inserire il numero di volte che lo stilema appare in ciascun testo, ma questo non aumenta significativamente l'attendibilità dell'analisi statistica che segue la fase di *stemming*. Nell'esempio di sopra, immaginiamo che lo stem *s1* sia "`nucleare`", $s2 = $ "`paura`", $s3 = $ "`radiazioni`", $s4 = $ "`inquinamento`", $s5 = $ "`scorie`", $s6 = $ "`economico`" ecc. Viene associato al primo testo $i = 1$ un vettore di stem $\mathbf{S}_1 = (s1, s2, s3, s4, s5, s6, \ldots) = (1, 0, 0, 0, 0, 1, \ldots)$; al testo $i = 2$ il vettore di stem $\mathbf{S}_2 = (1, 0, 0, 0, 1, 0, \ldots)$ e, in generale, al generico testo $i$ del *corpus* un vettore di *stem* $\mathbf{S}_i$. Ogni testo apparterrà ad una categoria semantica $D_k$, $k = 1, \ldots, K$, dove K è il numero totale di categorie semantiche. Ad esempio, per semplificare potremmo porre $K = 2$ e denotare con $D_1 = $ "a favore" del ritorno del nucleare in Italia e $D_2 = $ "contro". La matrice qui sotto riporta la matrice degli *stem* con associata la codifica di ciascun testo, immaginando che solo alcuni di questi testi siano stati realmente già classificati (nell'esempio il testo #2 non è stato codificato ma lo *stemming* può essere comunque eseguito).

## 2.2 L'analisi dei testi in pratica

**Tabella 2.2** Esempio di matrice di stemming

| Post | $D_i$ | Stem s1 nucleare | Stem s2 paura | Stem s3 radiazioni | Stem s4 inquinamento | Stem s5 scorie | Stem s6 economico | ... |
|---|---|---|---|---|---|---|---|---|
| testo #1 | a favore | 1 | 0 | 0 | 0 | 0 | 1 | ... |
| testo #2 | NA | 1 | 0 | 0 | 0 | 1 | 0 | ... |
| testo #3 | contro | 1 | 1 | 1 | 1 | 1 | 0 | ... |
| testo #4 | contro | 1 | 1 | 1 | 1 | 1 | 0 | ... |
| testo #5 | a favore | 1 | 0 | 1 | 1 | 1 | 0 | ... |
| ... | ... | ... | ... | ... | ... | ... | ... | ... |
| testo #10000 | a favore | 1 | 0 | 1 | 0 | 0 | 1 | ... |
| ... | ... | ... | ... | ... | ... | ... | ... | ... |

Pensando al numero di termini in ciascuna lingua si potrebbe pensare che la matrice degli *stem* abbia un numero esorbitante di righe. Infatti, la lingua italiana raccoglie un numero di termini che oscilla tra 215.000 e 270.000 a seconda delle classificazioni.[2] L'*Oxford English Dictionary* ne classifica per l'Inglese oltre 650.000, e questo vale per ciascuna altra lingua. Di fatto, in una qualsiasi analisi empirica si può facilmente constatare che una matrice di *stem* tipica presenta non più di 300 o 500 *stem* e molto spesso anche meno. Quello che presenta la sfida computazionale è invece il numero di righe della matrice, cioè il numero di testi da analizzare che può essere anche di diversi milioni per ciascuna analisi.

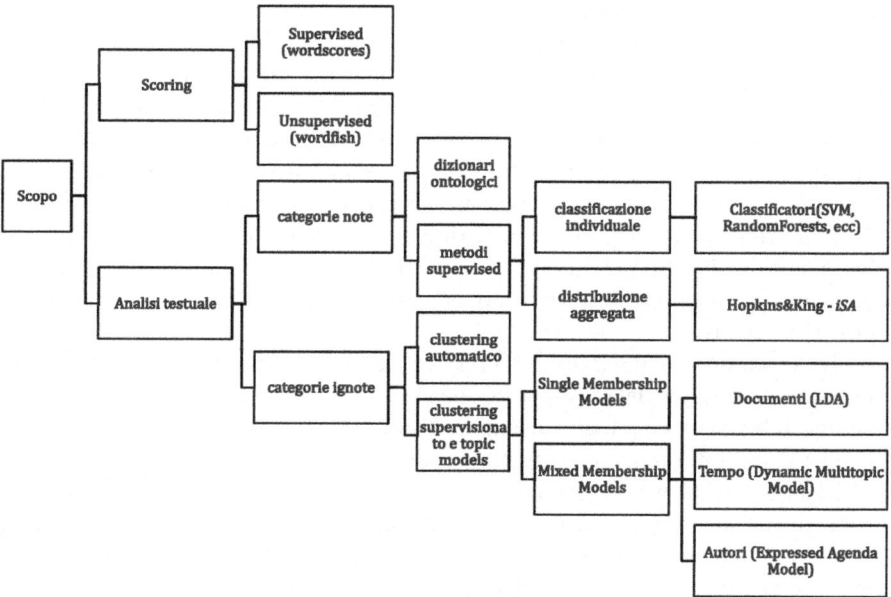

**Fig. 2.1** Esigenze e soluzioni nel campo dell'analisi testuale

---
[2] Si veda il Dizionario della Lingua Italiana Treccani: [1].

La matrice degli stem è quindi il punto di partenza di ogni analisi. Passiamo ora in rassegna le grandi famiglie di metodi di analisi testuale. Per questa breve rassegna faremo riferimento alla Fig. 2.1, tratta a larghe linee da Grimmer e Stewart (2013), che rappresenta una estensione della tipologia presentata nella Tabella 2.1.

## 2.2.2
### Le famiglie di tecniche di analisi testuale: lo *scoring*

La prima grande suddivisione è tra le tecniche di *scoring* e quelle di analisi testuale vera e propria. Per tecnica di *scoring* si intende una procedura che permette di allineare un *corpus* di testi lungo una linea immaginaria o una scala ordinata. Quindi ciascun testo viene ridotto ad un punto e quel punto viene rappresentato su una retta. Queste tecniche sono molto utili quando l'ordinamento è proprio lo scopo dell'analisi. Le tecniche di *scoring* fanno riferimento alla tecnica statistica molto più generale chiamata *Item Response Theory* o IRT (de Boeck e Wilson, 2004) che assume l'esistenza di una dimensione latente, appunto l'asse immaginario su cui si collocano i testi, ed è originata da studi di psicometria e psicologia. Una applicazione classica delle tecniche di scoring è quella della classificazione dei discorsi elettorali o parlamentari e di documenti testuali prodotti dagli attori politici (Ceron, 2013; Curini *et al.*, 2013). Lo *scoring* può avvenire lungo un asse sinistra-destra o progressista-conservatrice.

Queste tecniche di scoring, come tutte le altre, possono essere condotte in modalità *supervised* o *unsupervised*. Pur non potendo entrare nel dettaglio in questa sede, tra le tecniche di *unsupervised scoring* ricordiamo Wordfish (Slapin e Proksch, 2008). Questa tecnica produce un ordinamento di testi basati sulla frequenza con cui i termini compaiono in un ciascun testo, ma non indica quale sia la dimensione latente che permette di discriminare i vari testi. L'analisi richiede quindi una interpretazione a posteriori che va effettuata in base al contenuto dei testi, se necessario anche leggendo direttamente un gruppo di testi che si trovano sui due estremi della scala, e identificare delle ricorrenze che permettano di intuire quale sia la dimensione latente (ad esempio, l'asse sinistra-destra o una singola dimensione quale materialismo-postmaterialismo, oppure semplicemente un giudizio di merito, positivo-negativo).

Tra i metodi *supervised* invece si può segnalare Wordscores (Laver *et al.*, 2003). Questo metodo parte dal presupposto che vi sia un database di testi già correttamente codificati lungo una o più dimensioni e produce un ordinamento di testi lungo i vari assi predefiniti. Il limite di tale metodo è appunto l'esistenza di un simile database.

Ricordiamo che per tecnica *supervised* si intende una procedura che preveda l'attribuzione di un contenuto semantico pre-definito ai testi di un *corpus*. Questa operazione viene anche chiamata *tagging*. Il *tagging* di un testo può avvenire ricorrendo alla codifica manuale di un testo tramite l'impiego di codificatori umani o tramite l'utilizzo di dizionari ontologici. Per dizionario ontologico si intende un insieme di termini categorizzati secondo macro categorie semantiche. Ad esempio, tutti termini positivi e tutti quelli negativi. Nel caso di *tagging* operato tramite dizionario ontologico, la procedura deve anche prevedere un insieme di regole a priori per definire quando una collezione di termini (*stem*) si associa ad un contenuto semantico piuttosto che ad un altro. Si pensi alla frase "`che bella fregatura`". Il termine "`bella`" (valenza positiva) e "`fregatura`" (valenza negativa) compaiono nella stessa frase. Senza particolari regole (l'ordine, la coppia di termini ecc.), il *tagging* basato su dizionari ontologici produrrebbe un errore del 50% di classificazione, mentre un codificatore umano attribuirebbe con certezza tale frase ad un *sentiment* negativo.

### 2.2.3
### Pregi e difetti del *tagging* automatico e umano

Tra i limiti del *tagging* basati su dizionari ontologici va ricordato anche il fatto che ogni lingua necessita di particolari dizionari, e lo stesso vale per ogni diverso argomento di discussione (le stesse parole hanno valenza diversa se si parla di politica, affetti, sport, e così via). Metafore, giochi di parole e altri aspetti del linguaggio non sono integrabili in dizionari ontologici proprio per la natura stessa di tali dizionari. Ma il *tagging* automatico non è necessariamente da escludere quando il tema di discussione sia ben circoscritto e l'insieme di *stem* e di espressioni chiave molto ridotto (è il caso dei discorsi parlamentari) anche se questo non accade mai nei testi provenienti dai social media. Tra i vantaggi del *tagging* automatico c'è quindi quello di essere altamente automatizzato, ripetibile, e applicabile a tutti i testi di un *corpus* di qualunque lunghezza.

I pregi della codifica umana sono invece che, sino al punto in cui un codificatore è in grado di comprendere un testo, ogni testo può essere codificato con bassissimo margine di errore indipendentemente dalla lingua utilizzata, dal contesto di discussione, dall'uso di metafore, figure retoriche, o altro.

Tra i limiti del *tagging* manuale segnaliamo il tempo necessario per avere codifiche accurate, soprattutto se si tratta di un testo molto lungo come quello di un blog (rispetto ad un *tweet* o un aggiornamento di stato di Facebook o un commento su YouTube), che può riferirsi a molteplici argomenti. Inoltre, su temi sensibili quali la politica e l'etica, è sempre presente il rischio che un codificatore umano sia impossibilitato, per sua natura, ad essere obiettivo. In questo caso, la procedura consigliabile è quella di evitare di affidare la codifica ad un singolo codificatore, ma di utilizzarne a rotazione più di uno (verificandone l'affidabilità complessiva attraverso apposite misure statistiche, come il coefficiente Kappa di Cohen: Gwet, 2008). Inoltre è opportuno effettuare codifiche incrociate degli stessi testi in modo da compensare eventuali distorsioni individuali. Infine, va sempre operata un'analisi a campione dei testi codificati a cura di un supervisore esterno. Una buona pratica di controlli incrociati abbatte in modo sensibile il rischio della distorsione in fase di codifica.

## 2.2.4
**Metodi di classificazione testuale**

Anche nel caso dei metodi di analisi testuale vera e propria, cioè quelli che producono classificazioni di testi anziché ordinamenti di testi, esistono, come sopra, le grandi sottofamiglie di tecniche *supervised* e *unsupervised*, con i limiti e pregi di cui si è accennato. Ma rispetto alle tecniche di *scoring*, queste tecniche hanno una specializzazione successiva che è quella di produrre classificazione *individuale* oppure *aggregata* di testi.

## 2.2.5
**Tecniche di *clustering***

Tra le tecniche *unsupervised* di classificazione di testi troviamo tutte le tecniche di *data mining* o *text mining* (Witten, 2004; Feldman e James, 2007) più classiche come la *cluster analysis*. Così come per *data mining* si intende l'insieme di tecniche atte a scoprire regolarità nei dati, per *text mining* si intende l'insieme di tecniche atte a scoprire delle regolarità nei testi. Dal punto di vista sostanziale si tratta delle stesse tecniche ma applicate a dati particolari, quindi virtualmente indistinguibili sul piano metodologico. Sono invece alcuni marginali aspetti applicativi e di implementazione che ne caratterizzano l'impiego. Infine, mentre nel *data mining* l'informazione è nascosta dalla dimensionalità dei dati, nel *text mining* l'informazione è contenuta ed è ben visibile nel testo stesso in modo chiaro e trasparente (Hotho *et al.*, 2005).

Ciò nonostante le tecniche di base sono essenzialmente le stesse. Tra queste la tecnica più diffusa è la *cluster analysis*. La *cluster analysis*, o analisi dei gruppi, si basa sulla possibilità di definire una distanza (o meglio una misura di dissimilarità) tra oggetti che si vogliono classificare o, meglio, suddividere in gruppi il più possibile omogenei tra loro secondo questa distanza predefinita. Una misura di dissimilarità $d$ tra due oggetti $A$ e $B$, cioè $d(A, B)$, è un numero che vale zero quando è calcolata per lo stesso elemento, cioè $d(A, A) = 0$ (ma non si esclude il caso che la misura possa essere nulla anche in altri casi), è sempre non negativa, cioè $d(A, B) \geq 0$, ed è anche simmetrica, ovvero $d(A, B) = d(B, A)$. Se inoltre viene soddisfatta la disuguaglianza triangolare, cioè dati tre oggetti $A$, $B$ e $C$, si verifica che $d(A, C) \leq d(A, B) + d(B, C)$, allora la dissimilarità viene chiamata distanza (Gordon, 1999).

Quindi, se esiste una tale misura di dissimilarità $d$, gli algoritmi di *cluster* procedono in modo agglomerativo o dissociativo, ovvero prendendo l'intero gruppo di dati e separando tra loro quelli più lontani (metodo dissociativo), oppure iniziando ad aggregare quelli più vicini tra loro (metodo agglomerativo).

Se la procedura avviene in modo sequenziale si parla di metodi gerarchici. Ad esempio, nel caso di un metodo agglomerativo: formato un primo gruppo, ogni nuovo elemento viene aggregato al precedente gruppo o si aggrega lui stesso ad un nuovo elemento a lui più vicino per formare un nuovo gruppo a sé stante. Al passo successivo, nuovi elementi possono essere associati ai gruppi esistenti oppure, se la dissimilarità è minore, sono i gruppi stessi ad essere aggregati per formare un gruppo più esteso, e così via. Ovviamente esistono tanti modi per dire se un elemento risulti vicino ad un insieme o meno. Ad esempio calcolando la dissimilarità minima tra l'elemento e tutti i gruppi dell'insieme, oppure la distanza dell'elemento dal baricentro dell'insieme, eccetera. In sostanza, la scelta della dissimilarità e della tecnica di *clustering* produrrà raggruppamenti anche molto diversi e quindi spesso si opera una meta-analisi, ovvero si utilizzano una pletora di metodi di clustering (*cluster ensambles*) e poi si verifica la concordanza tra i gruppi formati dai vari metodi al fine di selezionare i gruppi più robusti ed effettuare una validazione incrociata (Strehl e Ghosh, 2002).

Comunque sia, una volta ottenuti i gruppi, è necessario andare a guardare all'interno di ciascuno di essi per scoprire in cosa alcuni gruppi sono simili semanticamente al loro interno e per quali motivi differiscono dagli altri. Non è neanche possibile a priori definire quale sia il numero di gruppi ideale per un certo insieme di dati.

La *cluster analysis* può essere in parte supervisionata, ad esempio specificando il numero di gruppi che devono essere formati, oppure spostando forzatamente degli elementi da un gruppo all'altro (cioè operando un *tagging* manuale a posteriori) in modo da costringere l'algoritmo ad apprendere una classificazione migliore. In alternativa (o in parallelo) si possono introdurre tra i testi da classificare anche dei testi per cui è nota la classificazione al fine di aiutare la tecnica di *clustering* a discriminare tra i vari testi *corpus*. Per un'applicazione delle tecniche di clustering all'analisi testuale un ottimo punto di partenza è Grimmer e King (2011). In Keim (2002) è possibile anche trovare applicazioni interamente grafiche di esplorazione dei risultati dell'analisi di *data mining* o *text mining* nello spirito dell'analisi grafica esplorativa dei dati. Tecniche come le *Self-Organizing Maps* (SOM) possono infatti aiutare a sintetizzare similitudine e differenze tra gli oggetti dei diversi cluster (Kohonen, 2001).

### 2.2.6
### Topic models

Tra le tecniche di classificazione non basate sulla cluster analysis esiste la branca dei Topic Models (Blei, 2012 e Blei et al. 2003) che si fonda sulla LDA, ovvero la *Latent Dirichlet Allocation*. La LDA assume che ciascun testo sia una mistura di argomenti (*topic*). In un modello Bayesiano classico si assume che vi sia una distribuzione di topic nel corpus di documenti che segue la forma della distribuzione di Dirichlet (da cui il nome). Ad ogni *topic* è poi associata una sequenza di parole o *stem*. L'analisi LDA assume quindi un processo di generazione del testo in due stadi: prima si sceglie un *topic* (con distribuzione di Dirichlet) e poi si scelgono un gruppo di parole/*stem* (con distribuzione multinomiale) per discutere un certo *topic*.

Il testo finale è quindi il risultato della scelta di un *topic* e delle successiva scelta degli *stem* condizionatamente al *topic* scelto. Quindi, utilizzando una tecnica statistica bayesiana di stima delle due distribuzioni di *topic* e *stem*, si può procedere all'inverso e, sulla base delle parole presenti in un testo, attribuire ciascun documento ad un *topic* con un certo livello di probabilità (a posteriori). Se si aggiunge una componente dinamica, ad esempio il tempo, si parla di *dynamic multitopic models* (Quinn, 2010). Le tecniche basate sui *topic model* permettono altri tipi di catalogazione di testi, ad esempio per autore, che esulano dagli obiettivi di questa sezione. Si tratta in ogni caso di famiglie di tecniche di analisi *supervised*.

### 2.2.7
### Classificazione individuale e aggregata: il contributo di Hopkins e King

Sempre nell'ambito delle tecniche di stima delle distribuzioni delle opinioni a partire da categorie testuali note o comunque derivate da un'analisi di tipo *supervised*, ci siamo più volte soffermati sulla distinzione tra analisi individuale ed analisi aggregata delle opinioni. Per capire di cosa si tratta, dobbiamo andare più in dettaglio riprendendo la notazione della Tabella 2.2. Sia $D = (D_1, D_2, \ldots, D_K)$ l'insieme delle diverse opinioni espresse o delle categorie semantiche già note. Sia $S_i = (s_1, s_2, \ldots, s_M)$ l'insieme delle parole o *stem* $s_1, s_2, \ldots, s_M$, utilizzate in un testo (il cui indice è $i$, $i = 1, \ldots, N$ ed $N$ è il numero totale di testi nel *corpus* e $M$ è il numero complessivo di *stem* distinti nell'intero *corpus*) per esprimere un concetto semantico o un'opinione tra quelle del vettore $D$.

Immaginiamo di dividere l'insieme dei testi in due gruppi: il *training set*, ovvero il sottoinsieme dei testi del *corpus* che verrà codificato manualmente,[3] e il *test set*, cioè l'insieme dei rimanenti testi nel *corpus* di cui si vuole desumere (o "*predire*" per usare un termine statistico) il contenuto semantico tramite un algoritmo.

Un gruppo di codificatori umani legge i testi del *training set* e codifica manualmente questi testi assegnando una delle categorie $D_j$, $j = 1, \ldots, K$. In questa fase di *training* del classificatore statistico, ovvero il *tagging* dei testi, vengono associate le parole $S_i$ ai contenuti $D$ e tale operazione non è affetta da errore statistico.[4]

A partire dalla matrice completa degli *stem* $S$, costruita come in Tabella 2.2 includendo tutti i vettori di *stem* $S_i$, $i = 1, \ldots, N$, si calcola la frequenza delle volte in cui una certa sequenza di *stem* $(s_1, s_2, \ldots)$ è associata ad una particolare categoria $D_j$. Ad esempio, quante volte la sequenza $s = (s1, s2, s3, s4, s5, s6, \ldots, s_M) = (1, 0, 0, 0, 0, 1, \ldots)$ della Tabella 2.2 è associata alla categoria $D_1$? Questa frequenza, sul totale dei testi analizzati $N$, è una stima della probabilità con cui, prendendo un testo a caso dal *corpus*, osservata esattamente quella sequenza di *stem*, quel testo parla effettivamente della categoria scelta $D_j$. Questa è appunto la fase di *training* dell'algoritmo e produce una stima della probabilità $P(D_j|s)$. Se ripetiamo la stessa operazione per tutte le sequenze $s$ associate alla categoria $D_j$, possiamo stimare la probabilità complessiva $P(D_j|S)$. Questo è un modello statistico che, per ogni sequenza $s$ di $S$ permette di predirre a quale contenuto semantico è associata la sequen-

---

[3] Il fatto che il training set sia codificato manualmente oppure sia basato interamente su un dizionario ontologico non fa differenza per il punto che vogliamo sottolineare in questo paragrafo: fino a quando la classificazione dei testi è fatta su base individuale, le stime aggregate, come vedremo, corrono il rischio di essere (e normalmente sono) gravemente distorte.

[4] Ci possono essere distorsioni indotte dai codificatori, come si è detto e a cui si può ovviare, ma possiamo ammettere che la codifica sia sostanzialmente corretta.

## 2.2 L'analisi dei testi in pratica

za **s**. Ciò vuol dire che, per ogni sequenza **s**, avremo $P(D_1|s), P(D_2|s), \ldots, P(D_K|s)$. Quindi, preso un testo a caso dal *test set* con vettore di *stem* $s = S_i$, il modello ci dirà, ad esempio, che quel testo è associato con probabilità 0,95 alla categoria $D_1$, con probabilità 0.03 alla categoria $D_2$ e con probabilità 0,02 alla categoria $D_3$ (immaginando che sia $K = 3$). Quindi, nell'esempio, classificheremmo il testo $i$ come un testo della categoria semantica $D_1$. Ma è sempre possibile che la nostra classificazione sia errata, poiché l'assegnazione non è certa ma ha solo un livello di probabilità del 95%. Il 5% residuo di incertezza è il potenziale errore di classificazione o *missclassification error*.

Immaginando di aver classificato tutti gli $N$ testi del *corpus* in questo modo, cioè scegliendo di classificare un testo sulla base della categoria che riceve la probabilità più alta, possiamo passare dalla classificazione individuale di un testo alla classificazione aggregata semplicemente contando quante volte i testi sono classificati in tal modo. In termini matematici questo si scrive attraverso le matrici nel seguente modo:

$$\mathbf{P(D)} = \mathbf{P(D|S)} * \mathbf{P(S)} \tag{2.1}$$

dove **P(D)** è la distribuzione aggregata delle opinioni, cioè è un vettore di probabilità: $\mathbf{P(D)} = (P(D_1), P(D_2), \ldots, P(D_K))$, di dimensione $K \times 1$. **P(S)** è un vettore di probabilità di dimensione $2^M \times 1$, in quanto ogni vettore di *stem* $s = (s_1, \ldots, s_M)$ è una combinazione di $M$ variabili binarie 0/1. E infine, **P(D|S)** è una matrice di dimensioni $K \times 2^M$.

Mentre non vi è problema (anche assumendo un *missclassification error* attorno al 3–5%) nella previsione individuale della categoria $D_j$, una volta che le opinioni stimate vengono aggregate per ottenere **P(D)** l'errore di ogni singola predizione prodotto dal classificatore statistico può amplificarsi ed arrivare anche attorno al 20%. L'idea è allora quella di cambiare il punto di vista senza perder d'occhio l'obiettivo che non è la classificazione individuale $P(Dj|S)$ ma la struttura della distribuzione aggregata dei testi **P(D)**.

Seguendo l'intuizione di Hopkins e King (2010) si può procedere nel seguente modo. Prendiamo come **P(S)** la distribuzione degli *stem* dell'intero insieme di dati (*training set* e *test set*). Possiamo concentrarci sulla distribuzione degli *stem* **P(S)** invece che sulla distribuzione delle opinioni **P(D)** e scomporla come segue:

$$\mathbf{P(S)} = \mathbf{P(S|D)} * \mathbf{P(D)} \tag{2.2}$$
$$[2^M \times 1 = 2^M \times K * K \times 1].$$

La matrice **P(S|D)** rappresenta la probabilità (o la frequenza) che una particolare sequenza di *stem* **s** di **S** compaia all'interno dei testi che sono classificati secondo una particolare categoria $D_j$.[5] Questa matrice **P(S|D)** ha dimensione $2^M \times K$ e la

---

[5] Tra l'altro considerare **P(S|D)**, ovvero identificare **S** (le parole usate) dato **D** (l'opinione) come fatto nella (2.2), invece che **P(D|S)**, ovvero identificare **D** (l'opinione) dato **S** (le parole usate) come invece fatto nella (2.1), ha un importante senso logico: una persona, infatti, non inizia a scrivere un testo su un qualche argomento per poi solo successivamente scoprire, leggendo quello che ha scritto, la sua opinione a riguardo. Normalmente si inizia a scrivere avendo già chiaro in mente quale sia questa opinione (molto positiva, abbastanza fredda, neutra, ecc.) e si scelgono le parole coerenti a riguardo da mettere su carta

relazione matriciale va intesa come segue:

$$P(S = s) = \sum_{j=1}^{K} P(S = s|D = D_j) P(D_j) \quad (2.3)$$

al variare di **s** in **S**. A questo punto, poiché è nota la distribuzione **P(S|D)** solo per i testi del *training set*, cioè quelli effettivamente codificati, si deve fare l'assunzione (ma questo vale per tutti i modelli sinora esposti) che il linguaggio utilizzato nel *training set* (**T**) per discutere l'opinione $D_j$ sia lo stesso del linguaggio utilizzato da tutti i testi del *corpus*, cioè $P_T(S|D) = P(S|D)$, quindi si può rimpiazzare la (2.3) con la seguente espressione:

$$P(S) = P_T(S|D) * P(D). \quad (2.4)$$

A questo punto la soluzione del problema si ottiene attraverso l'inversione della formula (2.4) come segue:

$$P(D) = P_T(S|D)^{-1} P(S) \quad (2.5)$$

dove $P_T(S|D)^{-1}$ è una matrice inversa. Quindi il problema (2.5) è ben posto poiché i termini a destra dell'equazione sono tutti calcolabili attraverso il *corpus* di testi e il *training set*. Il problema (2.4) infatti può essere visto come un modello classico di regressione dove **P(D)** rappresenta un vettore di coefficienti $\beta$, $P_T(S|D)$ una matrice **X** di regressione e **P(S)** il vettore **Y** della variabile risposta, in una forma matriciale classica $Y = X\beta$, la cui soluzione è sempre $\beta = (X'X)^{-1}X'Y$. L'unico problema tecnico risiede nella dimensionalità della matrice **X** e nella sua caratteristica di essere una matrice sparsa, cioè piena di zeri, ma ad entrambi gli inconvenienti si può ovviare con diverse tecniche (una soluzione si può trovare in Hopkins e King, 2010).

Il vantaggio fondamentale di questo approccio di inversione è che non viene utilizzata la classificazione individuale e successivamente aggregata ma viene stimata direttamente la distribuzione aggregata **P(D)** abbattendo il margine di errore alle usuali performance di un modello di regressione evitando quell'effetto di propagazione dell'errore dovuto all'aggregazione di classificazioni individuali.

Questo modo di procedere è appunto il metodo che possiamo chiamare *i*SA[6] e che integra aspetti qualitativi (*tag* manuale) ad aspetti statistici (soluzione efficiente del problema inverso) per ottenere una stima accurata della opinione aggregata.

---

(o su un computer...). In questo senso, il processo più naturale di generazione di dati dovrebbe essere l'inverso rispetto a quello definito dalla (2.1): ovvero, predire **S** con **D**, inferendo, come stabilito dalla (2.2) la quantità **P(S|D)**.

[6] Il metodo *i*SA è un acronimo per meglio identificare la tecnica proposta da Hopkins e King (2010) e che viene associata al nome ReadMe, dall'omonimo software. La versione di *i*SA utilizzata nei nostri studi è, come detto, una implementazione largamente basata sul lavoro teorico di Hopking e King (2010) ma ottimizzata sotto diversi aspetti sia dal punto di vista computazionale che dal punto di vista statistico per la produzione di stime aggregate a più stadi attraverso tecniche di ottimizzazione vincolata come si accennerà nel Par. 2.2.11.

## 2.2.8
## Perché si riduce l'errore?

Dal punto di vista teorico non ci sono particolari motivi per cui il modello (2.5) debba essere migliore del modello (2.1) di aggregazione di stime individuali. In realtà la chiave sta nella natura dei dati analizzati. Mentre il modello (2.1) si basa sulla stima $\mathbf{P}(D = Dj|\mathbf{S} = \mathbf{s})$, il modello (2.5) si basa sulla stima $\mathbf{P}(\mathbf{S} = \mathbf{s}|D = D_j)$.

$\mathbf{P}(D = Dj|\mathbf{S} = \mathbf{s})$ è la probabilità di trovare espresso il concetto $D_j$ nell'ambito dei testi che hanno usato un linguaggio $\mathbf{s}$, mentre $\mathbf{P}(\mathbf{S} = \mathbf{s}|D = D_j)$ è la probabilità di associare gli *stem* $\mathbf{s}$ ai testi che effettivamente parlano di $D_j$. Questa seconda quantità è molto facile da identificare ed anche molto precisa nella sua definizione, cioè è informativa. La prima invece costringe l'algoritmo a cercare la presenza della categoria $D_j$ nell'ambito di tutte le possibili sequenze di linguaggio $\mathbf{s}$. È chiaramente molto più vago, difficile da calcolare e poco informativo poiché è molto vicino a dire: *"presa una sequenza qualsiasi di parole, quante volte questa è associata ad un particolare contenuto?"* Viceversa chiedere *"preso un testo che esprime un particolare contenuto, quali parole sono state effettivamente utilizzate?"* è una domanda chiara e a cui si può rispondere in modo efficace. Un volta capito l'aspetto formativo, questo sembra essere il modo naturale (l'unico?) di eseguire un'analisi testuale nonostante sia il risultato di una inversione matriciale o, se vogliamo, sia il risultato di un problema inverso (2.5). Eppure, la totalità dei metodi implementa di fatto il modello (2.1).

## 2.2.9
## Il problema del rumore

Questo effetto è amplificato dalla natura stessa dei dati soprattutto quando si analizzano testi provenienti dai social media. Uno dei punti di debolezza dell'analisi dei social media è quella di contenere molto rumore, ovvero molti testi non sono pertinenti l'analisi in corso oppure non esprimono un vero sentimento (ad esempio le news o i comunicati stampa spesso passano attraverso i social media). Indichiamo genericamente con *OffTopic* questo gruppo di testi, intendendo che ogni volta che un codificatore incontra questo testo, tale testo viene codificato con una categoria semantica aggiuntiva con l'etichetta *OffTopic*. Vale a dire, se abbiamo $K$ vere categorie $D_1, \ldots, D_K$, aggiungiamo $D_{K+1} =$ *"OffTopic"* come ulteriore categoria (non semantica). Ora, se il numero di *OffTopic* è molto alto in un corpus di testi, l'insieme di parole usate per parlare di tutto tranne che delle $K$ vere categorie semantiche sarà molto elevato; può accadere quindi che quel vettore di *stem* $\mathbf{s}$ possa comparire anche quando si parla realmente di una delle $K$ categorie, pur essendo contenuto in un testo di tipo *OffTopic*. Questo implica che $\mathbf{P}(\mathbf{S} = \mathbf{s}|D = D_j)$ sarà stimata con molta precisione per $j = 1, \ldots, K, K+1$, mentre $\mathbf{P}(D = Dj|\mathbf{S} = \mathbf{s})$, per $j = 1, \ldots, K$, verrà stimata con un alto errore in quanto il vettore di *stem* $\mathbf{s}$ comparirà molto più frequentemente per la categoria $K + 1$ che non per quelle da 1 a $K$.

Inoltre, $\mathbf{P}(\mathbf{S} = \mathbf{s}|D = D_j)$, per le prime vere $K$ categorie, permetterà di selezionare esattamente e solo quegli *stem* $\mathbf{s}$ utilizzati per esprimere quel concetto

$D_j$. In molte analisi empiriche infatti si può mostrare, attraverso la validazione, che a partire dallo stesso *training set*, con lo stesso *tagging* e la stessa stima di $\mathbf{P}(D = Dj|\mathbf{S} = \mathbf{s})$, il modello (2.1) produce risultati fortemente distorti e instabili mentre il modello (2.5) produce risultati consistenti e stabili anche al variare dell'ampiezza del *training set* utilizzato.

### 2.2.10
### Quanto deve essere grande il *training set* nel metodo *i*SA?

Contrariamente all'approccio statistico tradizionale (2.1), l'ampiezza del *training set*, cioè il numero minimo di testi $n$ da codificare affinché si possa ottenere una stima sufficientemente precisa del modello, non può essere calcolato a priori. In un modello classico esistono delle formule tratte dal campionamento da popolazioni finite che, sulla base del numero di categorie $K$ e dell'ampiezza del *corpus* ci permettono di determinare un valore di $n$ che assicura una variabilità finale della stima individuale contenuta entro un certo valore percentuale (ad esempio 2–3%). Nel caso dell'approccio (2.5) ciò che conta è avere sufficienti codifiche di una certa categoria $D_j$ al fine di poter stimare con il più basso errore possibile $\mathbf{P}(\mathbf{S} = \mathbf{s}|D = D_j)$. Infatti, $\mathbf{P}(\mathbf{S} = \mathbf{s}|D = D_j)$ viene calcolata come la frazione di testi, sul totale di testi codificati come $D_j$, in cui compare la sequenza $\mathbf{s}$. Può capitare che una categoria semantica $D_j$ sia particolarmente rara all'interno del *corpus* o del *training set*. In tal caso la codifica manuale deve proseguire finché non si raggiunge un numero di codifiche di testi per la categoria $D_j$ che sia sufficientemente elevato. Non esiste una regola statistica, ma empiricamente si utilizzano almeno 30–50 codifiche valide per ogni categoria $D_j$. Considerando che molti dei testi risulteranno classificati come *OffTopic* in una qualsiasi analisi basata sui social media, il numero orientativo di codifiche valide non scende abitualmente sotto le 600–1000 codifiche (inclusi gli *OffTopic*) assumendo $K = 8$ categorie. Ovviamente si tratta di indicazioni sommarie perché ogni analisi è un caso a parte, ma è un'indicazione che rende l'idea della mole di lavoro manuale richiesta per avere dei risultati accurati. Si tenga presente che questo numero di codifiche è sostanzialmente indipendente dalla dimensione del *corpus* che può essere di diversi milioni di testi (come si vedrà nei Capp. 3 e 4) e, a patto che il linguaggio non cambi troppo frequentemente nel tempo, un buon *training set* può essere utilizzato anche per analisi successive o solo parzialmente aggiornato periodicamente.

### 2.2.11
### Segnale forte, segnale debole e stime vincolate

Su alcuni temi di discussione può accadere che alcune categorie siano per loro natura rare in un *corpus* di testi o comunque difficili da cogliere, purtuttavia essendo importanti per l'analisi finale. Prendiamo ad esempio il caso di una elezione politica in presenza di un sistema multipartitico. Il sistema elettorale prevede $C$ coalizioni $c_i$, $i = 1,\ldots,C$, a cui fanno riferimento più partiti (ad esempio, $p_{i1}$ è il partito

1 della coalizione $c_i$ ecc.). Mentre è molto facile trovare espressioni di voto per la coalizione (o il partito maggiore della coalizione) è più difficile identificare i partiti minori all'interno delle coalizioni. In tal caso si procede con una procedura a due stadi vincolata come spiegato nel seguito. Si stima prima la distribuzione relativa alle sole coalizioni. Ad esempio, $c_1 = 45\%$, $c_2 = 25\%$, $c_3 = 20\%$, $c_4 = 10\%$, sono le stime del primo stadio delle coalizioni. Nell'ambito dei post *taggati* per ogni singola coalizione si ricodifica il *training set* effettuando una codifica sui singoli partiti e si stima la distribuzione dei partiti di quella sola coalizione. Ad esempio, se abbiamo 3 partiti per la colazione $c_1$ supponiamo di aver stimato $p_{11} = 75\%$, $p_{12} = 15\%$, $p_{13} = 10\%$. A questo punto si riproporzionano le stime $p_{11}$, $p_{12}$, $p_{13}$ al totale di coalizione[7] come segue $p'_{1i} = (p_{1i}/c_1))/100\%$ ottenendo $p'_{11} = 33.75\%$, $p'_{12} = 6.75\%$, $p'_{13} = 4.5\%$.

In questo esempio, seppure fittizio, si vede come la stima del partito $p_{13}$ sia stata di gran lunga ridimensionata riducendo la distorsione nel calcolo di $\mathbf{P}(\mathbf{S} = \mathbf{s}|D = p_{13})$ dovuta allo scarso numero di codifiche disponibili, nel totale del *corpus*, per quel partito.

Si osservi che se avessimo stimato separatamente le percentuali di tutti i partiti di tutte le coalizioni e poi aggregato le stime dei singoli partiti per ottenere una stima del voto di coalizione, avremmo introdotto un forte errore dovuto alla stima delle percentuali $p_{ij}$ dei partiti minori delle diverse coalizioni.

### 2.2.12
### I vantaggi di *i*SA

Riassumendo, il metodo *i*SA appare essere oltre ad essere una implementazione efficiente del modello (5), ed essere basata su *tagging* manuale e non automatico e quindi indipendente dalla lingua o dal linguaggio usato nell'ambito della stessa lingua, permette di migliorare le stime, rispetto al metodo originale proposto da Hopkins e King (2010), anche in presenza di segnale debole attraverso una stima a due stadi e il tagging multiplo di ogni singolo testo.

D'altra parte, la classificazione manuale permette di non attribuire arbitrariamente le categorie sulla base di un set a priori di categorie. Infatti, attraverso la lettura del *training set*, si possono definire ex-post le categorie rilevanti e trascurare quelle definite a priori ma non utilizzate nel *corpus* dei testi. In questo senso è molto simile ad una analisi focus group, un'analogia che non a caso abbiamo già rimarcato in predenza, in cui si lascia parlare l'individuo anziché cercare di codificare il pensiero in categorie predefinite.

Secondariamente, essendo basata su *tagging* manuale e non automatico è indipendente dalla lingua o dal linguaggio usato nell'ambito della stessa lingua.

Infine, tramite la stima a due stadi, si può aumentare la precisione delle stime per le categorie che fanno riferimento al segnale debole presente sui social media. Tutto

---

[7] Per semplicità di esposizione trascuriamo il problema *OffTopic* al primo ed al secondo livello dell'analisi.

ciò in modo indipendente dall'ampiezza del *corpus* di testi che può essere di qualche migliaia così come qualche milione di testi.

## 2.2.13
### Integrazione di metodi *supervised* e tecniche di *scoring*

Benché i metodi di *scoring* automatico e di classificazione *supervised* possano apparire scollegati, in realtà un metodo come *i*SA, come anche altri, può essere integrato a metodi di *scoring* automatico. Una idea molto semplice è quella di usare la matrice di distanze prodotta da un metodo di *scoring*, quale Wordfish, e proiettarlo lungo l'asse del *sentiment* prodotto durante la classificazone del metodo *supervised*. Usando la matrice di proiezione che permette di passare dallo *scoring* al *sentiment* sul *training set*, si può successivamente utilizzare tale matrice per proiettare lo *scoring* dei testi appartenenti al *test set* sull'asse del *sentiment* ottenendo così una classificazione (individuale o aggregata a seconda che si parta dal modello (2.1) o (2.5)) del *sentiment* dell'intero *corpus*. La versione *i*SA di questo approccio, cioè la versione che parte dal modello (2.5) e fornisce direttamente la distribuzione aggregata, è sostanzialmente diversa dai metodi di *scoring* già usati in letteratura, quali ad esempio Wordscores.

## 2.2.14
### Altri approcci all'analisi dei testi

NLP, o *Natural Language Processing*, è un approccio diverso all'analisi dei testi da quanto sinora esposto. Si tratta di un approccio basato su tecniche di psicologia cognitiva e di analisi linguistica che, con l'aiuto dei calcolatori e di algoritmi di apprendimento, permette di analizzare e decodificare un testo. L'idea è quella di modellare attraverso algoritmi il modo in cui si forma il linguaggio umano (Liddy, 2001). Come tale risente delle assunzioni del modello o dei modelli utilizzati (Principio 1) piuttosto che sull'evidenza empirica, ovvero su cosa realmente viene detto nell'ambito di un *corpus*. Ha quindi i pregi di essere supportato da un modello cognitivo e linguistico ma i difetti di essere troppo legata alle assunzioni di base. Viceversa, le tecniche sopra discusse non modellano esplicitamente il modo in cui il linguaggio si forma, ma ne trovano delle regolarità, come se si trattasse di una "scatola nera", semplificando al massimo la sovrastruttura linguistica lasciando che l'algoritmo possa apprendere sulla base del numero minore di assunzioni. In particolare questo è vero per i metodi *supervised* quali *i*SA. Le finalità dei metodi NLP sono più esplorative della struttura dei testi e delle relazioni tra le parole e i contenuti piuttosto che finalizzate alla stima delle opinioni. Chiaramente anche i metodi NLP possono essere integrati in flusso di lavoro e offrire utili contributi, ma questo esula dai contenuti di questo volume. Si rimanda quindi a Liddy (2001) per approfondimenti.

*Information retrieval* (IR) è invece una tecnica basata sul cercare risposte a particolari domande all'interno di documenti basandosi sull'utilizzo di *keyword* (Hearst,1999). Queste sono principalmente un insieme di tecniche derivate dal *web cra-*

*wling*. Mentre si parla di *Information extraction* (IE) quando, dato un documento, si cerca di estrarre informazione specifiche. In genere tali tecniche si basano sulle ricorrenze di termini, frasi e interi passaggi all'interno dei documenti. Lo scopo non è quello di estrarre l'opinione ma piuttosto di classificare o attribuire dei testi (Hotho et al., 2005). Queste tecniche utilizzano principalmente strumenti di teoria dell'informazione di tipo *supervised* e *unsupervised*.

*Topic detection* è invece l'insieme di tecniche atte ad identificare o monitorare l'utilizzo di *keyword* in un *corpus* di testi che si evolve nel tempo come, ad esempio, siti di news o broadcasting in generale (Allan, 2002). Si tratta di tecniche principalmente basate su metodi automatici che non richiedono un *tagging* preliminare dei testi.

*Text summarization*, infine, sono le tecniche che cercano di condensare l'informazione contenuta in un testo riducendo il testo stesso ad una descrizione molto succinta, tipo un riassunto o l'abstract di un articolo di rivista. L'idea alla base di queste tecniche è il riconoscimento, all'interno dei tesi da analizzare, di frasi o periodi già codificati all'interno di un database. Il risultato dell'analisi è quindi una breve statistica di quante volte un certo periodo o frase chiave compare in ciascun testo anche se alcune varianti di questi metodi cercano anche di estrarre un contenuto semantico sulla base dell'incrocio e della ricorrenza delle parole (Leskovec *et al.*, 2004). Un esempio classico sono le *tag cloud* ampiamente utilizzate anche a livello giornalistico.

## 2.3
## Esempi di applicazione della tecnica *i*SA

Per contestualizzare maggiormente i vantaggi della tecnica *i*SA, illustriamo due esempi di applicazione a dati reali. Nel primo esempio riportiamo una sintesi dei risultati dell'analisi testuale sulle elezioni presidenziali russe del 2012. In questo esempio poniamo a confronto i risultati di *i*SA con quelli del miglior classificatore individuale, ovvero gli alberi di decisione. Lo scopo di questo esempio è mostrare come si viene a generare l'errore che produce instabilità delle stime quando si utilizza un metodo di classificazione individuale anche partendo da uno stesso training set. Ancora una volta, quindi, ritorna la distinzione tra classificazione individuale ed aggregata.

Nel secondo esempio, prendendo spunto da una analisi del gradimento del nuovo iPad, mostriamo l'importanza di catturare oltre al sentiment, anche l'estrazione delle motivazioni dietro ad un sentiment positivo ed uno negativo.

### 2.3.1
### Stabilità delle stime e accuratezza della tecnica *i*SA

Al fine di mostrare in pratica in che termini la stima aggregata sia più efficace di quella individuale, presentiamo una analisi basata su quasi 22 mila testi raccolti su Facebook, Twitter, blog e forum relativi al sentiment degli osservatori stranieri sulle elezioni presidenziali russe del 2012 e sulla politica e democrazia russa (l'esempio è tratto da Iasinovschi 2012). I testi, in lingua inglese, sono di provenienza principalmente statunitense, russa, cinese e britannica oltre ad un piccolo gruppo di origini comunitarie. Dei 21.828 post, ne sono stati classificati 800 divisi in 4 sottoinsiemi di *training set*. Quello che si vuole misurare è primariamente la stabilità del metodo all'aumentare della dimensione del training set confrontando i risultati di due tecniche supervised: *iSA* e gli alberi di decisione (Quinlan, 1986; Mitchell, 1997) cosiderati tra le tecniche più efficaci di classificazione individuale.[8] In particolare, i 4 training set, chiamati qui di seguito *wave*, sono utilizzati in modo incrementale per verificare se vi sia o meno la convergenza delle stime ottenute con i due metodi.

Utilizzando gli stessi training set per un totale di 200 post codificati manualmente per la prima *wave*, 400 per la seconda (includendo anche quelli della *wave* 1), 600 per la terza (includendo anche quelli della *wave* 2), e 800 per la quarta *wave* si è proceduto alla stima delle distribuzioni aggregate di vari argomenti. Ad esempio, il giudizio sulla democrazia russa post elezioni classificando le opinioni in "falsa", "occidentale", "Ok, funziona", "nessuna opposizione". I risultati per l'albero di decisione sono riportati in Tabella 2.3 e quelli per la stima *iSA* nella Tabella 2.4. In teoria ci si aspetterebbe, per la legge dei grandi numeri, che all'aumentare delle codifiche la stima delle percentuali delle varie categorie si stabilizzi e vada verso il valore vero.

Per verificare empiricamente la stabilità dei due metodi, consideriamo il campo di variazione, o range $R$, che è dato dalla distanza tra il minimo e massimo della stima di ogni singola categoria al variare dell'ampiezza $n$ del *training set*. Inoltre, poiché la percentuale stimata di ogni categoria deve convergere al valore vero al crescere del training set, consideriamo una misura di sensitività definita come la distanza media delle varie stime $p_1$, $p_2$, $p_3$ da quella $p_4$. Tale indice $S$ è definito come

**Tabella 2.3** Stima delle percentuali aggregate per la dimensione "Democrazia russa" utilizzando alberi di decisione

| Alberi di decisione | La democrazia russa | | | |
|---|---|---|---|---|
| | falsa | occidentale | ok, funziona | nessuna opposizione |
| wave 1 ($p_1$) n = 200 | 56,26% | 12,71% | 14,76% | 16,27% |
| wave 2 ($p_2$) n = 400 | 56,25% | 12,11% | 5,59% | 26,04% |
| wave 3 ($p_3$) n = 600 | 62,08% | 11,66% | 12,58% | 13,67% |
| wave 4 ($p_4$) n = 800 | 59,77% | 13,60% | 7,24% | 19,39% |
| range R | 5,83% | 1,94% | 9,17% | 12,37% |
| indice di stabilità S | 3,16% | 1,50% | 5,41% | 5,38% |

---

[8] Si rimanda alla bibliografia citata per maggiori dettagli.

**Tabella 2.4** Stima delle percentuali aggregate per la dimensione "Democrazia russa" utilizzando *i*SA

| iSA | La democrazia russa | | | |
|---|---|---|---|---|
| | falsa | occidentale | ok, funziona | nessuna opposizione |
| wave 1 ($p_1$)<br>n = 200 | 13,80% | 22,00% | 17,50% | 46,70% |
| wave 2 ($p_2$)<br>n = 400 | 16,00% | 21,40% | 18,10% | 44,60% |
| wave 3 ($p_3$)<br>n = 600 | 15,40% | 19,60% | 22,70% | 42,20% |
| wave 4 ($p_4$)<br>n = 800 | 13,40% | 20,20% | 20,40% | 46,20% |
| range R | 2,60% | 2,40% | 5,70% | 4,60% |
| indice di stabilità S | 1,91% | 1,30% | 2,52% | 2,37% |

segue: $S = \sqrt{\frac{1}{J-1} \sum_{i=1}^{J-1} (p_i - p_J)^2}$. Come si nota, sia il range $R$ che l'indice $S$ mostrano una sostanziale instabilità dell'albero di decisione rispetto allo stesso della tecnica *i*SA.

Analogamente se consideriamo la soddisfazione dei risultati elettorali (Tabelle 2.5 e 2.6).

Poiché non sappiamo quale dei due metodi stia dicendo la verità, possiamo limitarci ad osservare che il metodo *i*SA produce stime più stabili e che convergono verso un valore comune all'aumentare del training set, che per la tecnica *i*SA coincide col numero di testi correttamente codificati.

Ma l'albero di decisione è un classificatore individuale e, almeno sul *training set*, si può effettuare una verifica dell'efficacia della codifica (la validazione del Princi-

**Tabella 2.5** Stima delle percentuali aggregate per la dimensione "Risultato delle elezioni" utilizzando alberi di decisione

| Alberi di decisione | Risultato delle elezioni | | | |
|---|---|---|---|---|
| | frustrazione | indifferente | non mi piace | soddisfatto |
| wave 1 ($p_1$)<br>n = 200 | 4,97% | 5,38% | 61,39% | 28,26% |
| wave 2 ($p_2$)<br>n = 400 | 3,33% | 12,11% | 5,59% | 26,04% |
| wave 3 ($p_3$)<br>n = 600 | 9,63% | 11,66% | 12,58% | 13,67% |
| wave 4 ($p_4$)<br>n = 800 | 11,20% | 13,60% | 7,24% | 19,39% |
| range R | 7,87% | 5,23% | 9,98% | 13,07% |
| indice di stabilità S | 5,87% | 4,06% | 6,24% | 9,11% |

**Tabella 2.6** Stima delle percentuali aggregate per la dimensione "Risultato delle elezioni" utilizzando *i*SA

| iSA | Risultato delle elezioni | | | |
|---|---|---|---|---|
| | frustrazione | indifferente | non mi piace | soddisfatto |
| wave 1 ($p_1$) n = 200 | 17,00% | 7,60% | 17,00% | 58,40% |
| wave 2 ($p_2$) n = 400 | 19,20% | 4,50% | 14,50% | 61,90% |
| wave 3 ($p_3$) n = 600 | 19,80% | 2,50% | 13,70% | 64,00% |
| wave 4 ($p_4$) n = 800 | 21,20% | 1,20% | 14.50% | 63,10% |
| range R | 4,20% | 6,40% | 3,30% | 5,60% |
| indice di stabilità S | 2,80% | 4,22% | 1,52% | 2,85% |

pio 4) provando a confrontare la reale codifica con quella che l'albero di decisione gli avrebbe attribuito secondo la formula (2.1). Prendendo solo la quarta wave di n = 800 post codificati e lasciando all'algoritmo l'onere di riclassificare questi stessi 800 testi, otteniamo le tabelle di accuratezza qui sotto riportate. In queste tabelle, i valori percentuali sulla diagonale rappresentano le categorie correttamente predette e le percentuali sommano a 100% per riga. Come si vede in alcuni casi la previsione è buona ma in diversi casi la previsione fornita dall'albero è drammaticamente bassa (10%). Questo rende meno credibile l'utilizzo di tali strumenti per ottenere una stima aggregata accurata e quindi avvalora l'osservazione empirica che l'utilizzo di *i*SA è preferibile al miglior classificatore individuale se l'obiettivo finale è la stima della distribuzione aggregata.

**Tabella 2.7** Accuratezza stima nella fase di codifica della dimensione "Democrazia russa" utilizzando alberi di decisione

| Alberi di decisione | Categoria reale assegnata in fase di codifica | | | | |
|---|---|---|---|---|---|
| | Democrazia russa | falsa | occidentale | ok, funziona | nessuna opposizione |
| Categoria prevista dal modello | falsa | 87,8% | 1,0% | 2,0% | 9,2% |
| | occidentale | 33,3% | 66,7% | 0,0% | 0,0% |
| | ok, funziona | 47,6% | 0,0% | 41,2% | 11,8% |
| | nessuna opposizione | 28,1% | 0,0% | 0,0% | 71,2% |

## 2.3 Esempi di applicazione della tecnica iSA

**Tabella 2.8** Accuratezza stima nella fase di codifica della dimensione "Risultato delle elezioni" utilizzando alberi di decisione

| Alberi di decisione | Categoria reale assegnata in fase di codifica | | | | |
|---|---|---|---|---|---|
| | Risultato delle elezioni | frustrazione | indifferente | non mi piace | soddisfatto |
| Categoria prevista dal modello | frustrazione | 77,1% | 2,9% | 20,0% | 0,0% |
| | indifferente | 3,33% | 10,0% | 83,3% | 3,3% |
| | non mi piace | 9,77% | 0,0% | 90,2% | 0,0% |
| | soddisfatto opposizione | 3,6% | 0,0% | 0,0% | 71,4% |

### 2.3.2
### Non solo sentiment ma anche opinion analysis

In occasione del lancio del nuovo iPad della Apple Computer Inc, l'8 marzo 2012 abbiamo analizzato 40.000 testi postati in lingua inglese su Twitter e piattaforme di blog nelle ore appena seguenti il lancio del prodotto.[9]

Dai post analizzati, emergeva che il 76,3% avrebbe acquistato il nuovo prodotto, ovvero il sentiment sull'acquisto del prodotto era pari a +52,6% (Fig. 2.2).

Ma questo è un dato che tutto sommato si può ricavare anche guardando alle vendite a qualche settimana dal lancio. Ciò che è più interessante per chi decide ad esempio di fare una campagna di marketing sul prodotto è valutare quali, a detta dei potenziali acquirenti, siano i punti di forza e debolezza del nuovo prodotto.

Tramite la codifica dei testi e senza avere definito a priori un set di aspetti positivi o negativi associati al prodotto, è possibile ricavare questa informazione in

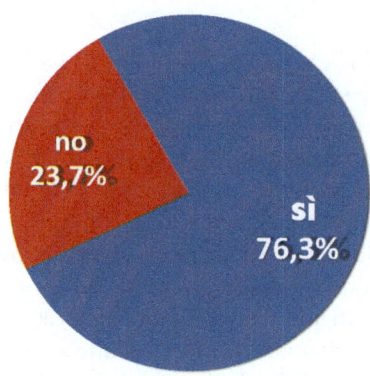

**Fig. 2.2** Compreresti il nuovo iPad?

---
[9] Analisi disponibile in forma integrale qui: http://www.ilsole24ore.com/art/tecnologie/2012-03-10/nuovo-ipad-cosa-dice-093953.shtml?uuid=AbvOGa5E.

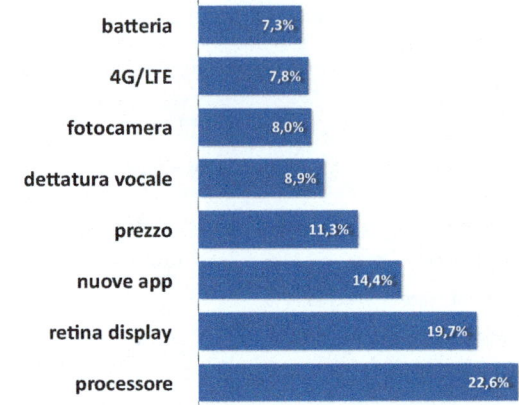

**Fig. 2.3** Cosa è piaciuto del nuovo iPad?

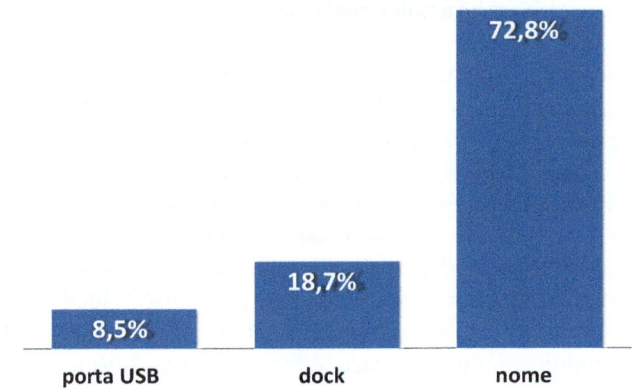

**Fig. 2.4** Cosa non è piaciuto del nuovo iPad?

modo diretto "ascoltando" chi scrive. Dalla Fig. 2.3 si evince che la caratteristica più attesa e più gradita è stata l'introduzione di un processore più veloce (22,6%), il nuovo display (19,7%) e la batteria di nuove applicazioni (14,4%) oltre al prezzo ridotto (11,3%), seguite via via dalle altre caratteristiche elencate in figura. Queste espressioni di gradimento indicano le ragioni che stanno alle spalle di quel 76,3% di *sentiment* positivo che abbiamo registrato.

Tra le motivazioni del sentiment negativo invece troviamo, prima fra tutte, la mancanza dell'attribuzione del nome al prodotto (72,8%). Nei giorni precedenti al lancio, ci si aspettava infatti una pletora di nomi, quali ad esempio "iPad3". La critica relativa alla mancanza di un nome preciso attribuito a questo prodotto è sicuramente un aspetto su cui gli esperti di marketing potranno riflettere, come emerge chiaramente da alcuni commenti tra cui, ad esempio: "The new iPad is called 'The new iPad' Names of Apple's future iPads. The newer iPad, the new newer iPad the new newer new iPad...'' oppure anche: ''I wonder *why the next iPad is called the new iPad...? It looks awesome, but what's this one gonna be called in 13 months? The new-ish iPad?* ". In aggiunta al nome, altre critiche sottolineano la mancanza di un dock (18,7%) e di una porta USB (8,5%).

Insomma, questo esempio, assieme al precedente, non solo mostrano l'efficacia statistica di un metodo come *i*SA per stimare le opinioni espresse in rete da un ampio insieme di utenti, ma anche la grande varietà di tali opinioni. Un metodo di analisi testuale, se vogliamo, quali-quantitativo che presenta indubbi vantaggi, soprattutto se lo scopo è quello di capire l'evoluzione di fenomeni sociali complessi, quindi difficilmente riconducibili entro le strette maglie di metodi che tendono ad ignorare la ricchezza di informazioni che è tuttavia normalmente presente in qualunque testo, compreso quello in 140 caratteri. I prossimi due capitoli saranno dedicati proprio ad illustrare tali potenzialità, in riferimento da un lato ad una emozione (la felicità) e dall'altro ad una previsione relativa ad un evento (le elezioni politiche).

## Riferimenti bibliografici

Allan J (2002) Introduction to Topic Detection and Tracking. The Information Retrieval Series 12:1–16

Blei D (2012) Probabilistic topic models. Communications of the ACM 55(4):77–84

Blei D, Ng A, Jordan M (2003) Latent dirichlet allocation. Journal of Machine Learning and Research 3:993–1022

de Boeck P, Wilson M (2004) Explanatory Item Response Models: A Generalized Linear and Nonlinear Approach. Springer, NY

Ceron, A (2013) The Politics of Fission: An Analysis of Faction Breakaways among Italian Parties (1946–2011). British Journal of Political Science. doi: 10.1017/S0007123413000215

Curini L, Hino A, Osaki A (2013) Measuring Party Competition from Legislative Speeches: Analysis of Japanese Parliamentary Debates, 1953–2011. Paper presentato alla settima Conferenza Generale dell'ECPR, Bourdeaux, 4–7 settembre

Feldman R, James S, (2007) The Text Mining Handbook. New York, Cambridge University Press

Gordon AD (1999) Classification (2nd Ed.). Boca Raton, FL, Chapman & Hall/CRC

Grimmer J, King G (2011) General purpose computer-assisted clustering and conceptualization. Proceedings of the National Academy of Sciences 108(7):2643–2650

Grimmer J, Stewart BM (2013) Text as Data: The Promise and Pitfalls of Automatic Content Analysis Methods for Political Texts. Political Analysis 21(3):267–297

Gwet K (2008) Computing inter-rater reliability and its variance in the presence of high agreement. British Journal of Mathematical and Statistical Psychology 61(1):29–48

Hotho A, Nurnberger A, Paaß G (2005) A Brief Survey of Text Mining. LDV Forum

Hopkins D, King G (2010) A Method of Automated Nonparametric Content Analysis for Social Science. American Journal of Political Science 54(1):229–247

Iasinovschi I (2012) Estimating the Public Opinion on Social Networks. Master Thesis, Department of Economics, Management and Quantitative Methods, University of Milan

Jurafsky D, James M (2009) Speech and natural language processing: An introduction to natural language processing, computational linguistics, and speech recognition. Upper Saddle River, NJ: Prentice Hall

Keim DA (2002) Information visualization and visual data mining. IEEE Transactions on Visualization and Computer Graphics 7(2):100–107

Kohonen T (2001) Self-Organzing Maps. Springer Series in Information Theory, Springer, New York

Laver M, Benoit K, Garry J (2003) Extracting policy positions from political texts using words as data. American Political Science Review 97(2):311–331

Leskovec J, Grobelnik M, Milic-Frayling N (2004) Learning sub-structures of document semantic graphs for document summarization. KDD Workshop on Link Analysis and Group Detection

Liddy ED (2001) Natural language processing. Encyclopedia of Library and Information Science (2nd Ed.). New York, Marcel Decker, Inc

Liu B (2006) Web data mining; Exploring hyperlinks, contents, and usage data. Springer, NY

(1997 Mitchell, TM Machine Learning) New York, WCB/McGraw-Hill

Pang B, Lee L, Vaithyanathan S (2002) Thumbs up?: Sentiment classification using machine learning techniques. Proceedings of the ACL-02 Conference on Empirical Methods in Natural Language Processing, pp 79–86

Pang B, Lee L (2004) A sentimental education: Sentiment analysis using subjectivity. Proceedings of the ACL-04 Conference on Empirical Methods in Natural Language Processing, pp 271–278

Quinn K (2010) How to analyze political attention with minimal assumptions and costs. American Journal of Political Science 54(1):209–228

Quinlan JR (1986) Induction of decision trees. Machine Learning 1:81–106

Slapin J, Proksch S-O (2008) A scaling model for estimating time-series party positions from texts. American Journal of Political Science 52(3):705–722

Strehl A, Ghosh J (2002) Cluster ensembles – A knowledge reuse framework for combining multiple partitions. Journal of Machine Learning Research 3:583–617

Witten IH (2004) Text mining. Practical handbook of Internet computing. Boca Raton, FL, CRC Press

# Catturare l'evoluzione di una emozione

**3**

- Come misurare la felicità delle persone
- Le peculiarità dell'indice iHappy
- Le determinanti della felicità degli italiani nel 2012

> *C'è un'ape che si posa su un bottone di rosa:*
> *lo succhia e se ne va...*
> *Tutto sommato, la felicità è una piccola cosa*
> Trilussa, Felicità

## 3.1
### Alla ricerca della felicità: dai sondaggi ai metodi *real-time*

La felicità (o *happiness*, usando un termine inglese) rappresenta una metrica sociale fondamentale che ha attratto una crescente attenzione in questi ultimi anni, ben al di là dei meri confini accademici. Basti pensare all'annuncio fatto nel 2009 dall'oramai ex Presidente francese Nicolas Sarkozy, seguito l'anno successivo dal neo-primo ministro britannico David Cameron [4], relativo alla volontà (e alla necessità) di incominciare a sviluppare delle misure nazionali di "felicità" capaci di rintracciare aspetti di benessere sociale che generalmente sfuggono ai tradizionali (seppur importanti) indicatori di ricchezza economica come il PIL. Un annuncio, quello dei leader europei, che dal 1971 è una realtà nel piccolo stato del Bhutan dove, accanto al prodotto interno lordo, viene ogni anno calcolata anche la felicità nazionale lorda (il *Gross national happiness*) [5]. A conferma di questa rilevanza, nel giugno 2012 l'Assemblea Generale dell'Organizzazione delle Nazioni Unite ha istituito la Giornata Internazionale della felicità, festeggiata per la prima volta il 20 marzo 2013 [6]. Dopotutto, già nel lontano 1776, in un documento ufficiale passato poi alla storia (ovvero la Dichiarazione di Indipendenza degli Stati Uniti d'America), veniva esplicitamente ricordato come proprio "la ricerca delle Felicità" fosse uno dei Diritti inalienabili dell'uomo. In questo senso, scoprire cosa "aiuti o danneggi la felicità" (Layard, 2006) dovrebbe essere un obbiettivo primario delle scienze sociali, e non solo.

E infatti, l'assai esteso corpus di ricerche sulla felicità si concentra da tempo proprio sulla necessità di identificare le determinanti di questa dimensione del benessere, una dimensione emotiva prima di tutto, quindi quanto mai sfuggente e difficile da definire. Una letteratura che in questi anni si è servita principalmente (e si serve tuttora, almeno in parte) di questionari con sezioni dedicate all'auto-percezione del proprio benessere soggettivo. Una tipica domanda utilizzata nei sondaggi è infatti la seguente: "nel complesso, quanto si sente soddisfatto della sua vita?" oppure, la sua variante più diretta: "quanto si sente felice? Molto, abbastanza, poco o per niente?".

Si tratta di indicatori che mostrano una loro indubbia efficacia da un punto di vista statistico, laddove si evidenzia una forte correlazione tra il livello di felicità individuale, ad esempio, e indicatori relativi alla salute personale (Cohen et al., 2003), alla produttività sul lavoro (Alesina et al., 2005) e ad altri aspetti della qualità della vita. D'altra parte numerosi studi mostrano che i soldi non sempre "comprano" la felicità, ovvero che l'impatto della ricchezza dipende dall'ambiente in cui si vive (su questo punto si veda il classico paradosso di Easterlin, 1974 e 2010), e che le relazioni sociali forniscono (spesso) una base più solida alla ricerca della felicità (Gleibs et al., 2013). Non mancano poi lavori che si focalizzano sulle determinanti politiche, e che mostrano, ad esempio, come i cittadini che si auto-collocano su posizioni radicali tendano ad essere più felici dei loro concittadini ideologicamente più moderati (si veda Curini et al., 2013).

Detto questo, un problema degli indicatori soggettivi di felicità sta nel fatto che la risposta ad un questionario è influenzata, spesso, dal contesto più generale in cui viene fatta. Si è così dimostrato, ad esempio, che la semplice successione delle domande in un sondaggio può modificare il livello di felicità espresso nello stesso (Schwarz and Strack, 1999). In un interessante lavoro volto ad investigare l'impatto della crisi finanziaria sul benessere soggettivo degli americani, Deaton (2011) mostra che sottoporre domande politiche prima della domanda relativa alla percezione della propria felicità, influenza negativamente il tipo di risposta che gli intervistati tendono a dare a quest'ultima. Lo stesso accade laddove domande relative alla propria vita amorosa (ad esempio, "Quanti appuntamenti andati bene hai avuto in questo periodo?") precedono quella sulla felicità, in particolare quando alla prima domanda si fornisce una risposta "insoddisfacente" agli occhi del rispondente (ovvero "pochi o nessuno": Legrenzi, 1998). C'è poi chi ha studiato l'effetto del giorno dell'intervista sulla percezione di benessere: in particolare, le persone sono più felici se rispondono al questionario di venerdì, piuttosto che la domenica, offrendo un'evidenza empirica a supporto della poetica di Leopardi nel "Sabato del villaggio" (Akay e Martinsson, 2009; sull'impatto dei giorni della settimana torneremo successivamente). Infine, è stato mostrato come fattori irrilevanti possano influenzare ancora una volta l'attendibilità delle risposte date. Schwarz (1987), durante un esperimento, chiese ad alcuni partecipanti di fare delle fotocopie prima di rispondere ad un questionario. Per un sottogruppo di questi, mise poi una moneta corrispondente a dieci centesimi di dollaro sulla macchina fotocopiatrice. Questo (trascurabile) evento (10 centesimi rimangono sempre 10 centesimi dopotutto) impattò tuttavia positivamente sul tipo di risposta data successivamente alla domanda sulla felicità.

Il tempestoso sviluppo tecnologico di questi anni ha reso tuttavia possibile sviluppare degli strumenti alternativi, e in alcuni casi più sofisticati, rispetto ai sondaggi per misurare la felicità degli individui, e per giunta praticamente in tempo reale. Da un lato si sono diffusi i metodi cosiddetti ESM (*Experience Sampling Method*). Un riferimento imprescindibile a riguardo è l'applicazione gratuita per smartphone sviluppata da Killingsworth (2010) chiamata *Track Your Happiness*. Questa app, che ha permesso di raccogliere circa 4 milioni di osservazioni in tutto il mondo, invia impulsi casuali agli utenti durante la giornata; successivamente viene chiesto a questi stessi utenti di riportare il loro livello di felicità e di rispondere ad alcune semplici domande. In uno studio pubblicato poi su *Science*, Killingsworth dimostra così che la mente umana, proprio in virtù della sua capacità di distrarsi, sia portata all'infelicità. La London School of Economics, da parte sua, ha sviluppato una ulteriore applicazione, chiamata *Mappiness* (Mac Kerron e Mourato, 2012), che raccoglie temperatura, umidità, inquinamento dell'aria, sfruttando la geolocalizzazione delle persone che rispondono in tempo reale ad un impulso via telefonino, per poi quantificare l'impatto delle condizioni meteorologiche sulla felicità degli utenti. Un esperimento simile è stato portato avanti anche da un gruppo di ricerca dell'Università di Princeton (Palmer *et al.*, 2013).

Una possibile alternativa è rappresentata dai metodi DRM (*Daily Reconstruction Method*) originati a partire dal lavoro di Kahneman et al. (2004): un vero e proprio diario della felicità, in cui i soggetti coinvolti nella ricerca devono compilare puntualmente il registro delle proprie attività (cosa si sta facendo, dove, con chi ecc.) con il relativo stato edonico di riferimento. I risultati mostrano come le persone siano più soddisfatte quando dedicano il tempo al proprio partner e alle reti amicali, mentre evidenziano livelli più bassi di soddisfazione al lavoro.

Rimangono però diversi problemi con i metodi ESM e DRM. Da un lato sono poco praticabili su un campione particolarmente esteso, mentre il tasso di mancata risposta agli impulsi ricevuti durante il giorno può falsare l'attendibilità dei risultati finali. Dall'altro risultano particolarmente intrusivi nella vita quotidiana delle persone.

In questo quadro, la Sentiment Analysis può certamente svolgere un ruolo rilevante, attingendo alla straordinaria miniera dei social media, e sfruttando la possibilità di sondare direttamente le emozioni liberamente espresse dagli utenti invece di effettuare domande per calcolare il loro livello di felicità (con i problemi che tale strada produce, come discusso in precedenza).

Giusto per fare alcuni esempi, tra quelli più famosi: l'Università del Vermont monitora oramai da alcuni anni Twitter (con più di 63 milioni di tweet raccolti nel mondo sinora) e, attraverso un sito web, Mechanical Turk gestito da Amazon, si serve di un gruppo di volontari che esprimono il loro giudizio sulle emozioni utilizzate nei post per classificare tali messaggi come felici o infelici [7]. Kramer (2010), analizzando invece il contenuto degli aggiornamenti di status di un campione di utenti Facebook (in particolare il rapporto tra parole positive e negative contenute in tali aggiornamenti) ha sviluppato una metrica di felicità che è risultata significativamente correlata con i tradizionali indicatori di soddisfazione della vita estraibili dai sondaggi. Infine Quercia *et al.* (2012), sfruttando la geolocalizzazione permessa da Twitter nel caso dell'area metropolitana di Londra, mostrano come analizzare i social media permetta di identificare, al di là della felicità dei singoli utenti, anche la felicità di intere comunità.

Insomma, analizzare la rete sembra permettere di catturare e di monitorare nel tempo l'evoluzione di un fenomeno sociale complesso, come per l'appunto è la felicità, e di effettuare per questa via un processo di *nowcasting*, come lo abbiamo definito nel Cap. 1. Seguendo l'approccio di Quercia *et al.* (2012), la nostra attenzione sarà diretta ad analizzare la felicità degli italiani a livello aggregato, con una particolare enfasi sul livello provinciale. Questo, ovviamente, non ci impedirà di muoverci anche ad un livello territoriale più elevato, come vedremo. Il prossimo paragrafo è dedicato a presentare il nostro indicatore di felicità chiamato *iHappy*, prima di passare ai risultati e all'analisi degli stessi.

## 3.2
## Dai tweet alla felicità

Twitter rende disponibile in automatico e periodicamente un campione di post identificati come "felici" (o contenenti messaggi di gioia, allegria) e un campione di "infelici" (o contenenti messaggi di rabbia, paura, ansia) sulla base degli *emoticon* utilizzati dagli utenti (ovvero le faccine felici ☺ o tristi ☹). Il campione diffuso è tuttavia limitato quantitativamente e non ha alcuna caratteristica statistica che lo renda rappresentativo dell'orientamento umorale dell'intero popolo di Twitter.

Un modo per passare da questo sottoinsieme alla quasi totalità dell'universo di tweet postati dagli utenti italiani, è quello di ricorrere all'approccio *i*SA discusso nel precedente capitolo. L'aspetto interessante da sottolineare è che in questo caso invece di effettuare ogni volta una codifica manuale, si possono sfruttare quei post già classificati da Twitter come felici/infelici come training set. L'algoritmo non farà altro che apprendere da questi tweet l'associazione tra linguaggio e felicità/infelicità, per poi estendere al resto della popolazione di tweet quanto "appreso". L'assunzione che facciamo in questo caso (una assunzione, d'altra parte, generalmente fatta in letteratura: Quercia *et al.*, 2012; Go *et al.*, 2009), è che i messaggi contenenti emoticon riflettano il vero sentimento soggiacente, di felicità o di tristezza rispettivamente, dei tweet in cui sono inclusi.

Questo, a sua volta, permette di ricostruire il grado di "felicità" nazionale, così come espresso in 140 caratteri. L'informazione è inoltre caratterizzata localmente, dal momento che gli utenti di Twitter sono identificabili in base alla località geografica da cui scrivono (si ricordi quanto detto nel Cap. 1). In particolare, dal 31 gennaio 2012 al 31 dicembre 2012 abbiamo raccolto ogni giorno i tweet italiani postati a livello provinciale, per un totale di oltre 43 milioni di post, ovvero circa 1 milione a settimana (ad ottobre 2013 i tweet analizzati hanno toccato gli 80 milioni).[1]

---

[1] La percentuale di tweet geolocalizzabili è di solito una porzione di dimensione variabile del numero complessivo di tweet postati ogni giorno in rete.

Per la singola provincia, abbiamo poi categorizzato i tweet nelle due classi "felici", "infelici" più una classe residuale "altro". I post classificati come "altro" vengono infine esclusi dal calcolo dell'indice di Twitter-felicità iHappy(ness) costruito come segue:

$$iHappy = \frac{\text{numero di post felici}}{\text{numero di post felici \& } infelici} * 100\%$$

Tale indice varia in questo senso da 0 a 100, dove 0 rappresenta una situazione in cui tutti i tweet postati in un dato giorno e in una specifica provincia sono riconducibili alla tristezza e 100 quando sono presenti solo messaggi che presentano un contenuto emotivo di felicità.

## 3.3
## Un anno di *i-Happiness*

Il 2012 è stato un anno difficile per l'Italia, tra una crisi economica da cui non si riusciva (e forse non si riesce ancora...) ad uscire completamente e le numerose difficoltà politiche. Una situazione che si è riflettuta anche sull'indice *iHappy* che ha riportato un valore medio pari al 45,6% (valore mediano = 44,6%). In media, quindi, meno di 1 italiano su 2 è riuscito ad essere felice nel corso dell'anno (almeno stante al nostro indicatore). A conferma di ciò, la maggioranza degli italiani è stata felice (ovvero, con un valore di *iHappy* > 50%) solamente 1 giorno ogni 3.

La Fig. 3.1 riporta il "calendario della felicità" dell'Italia nel corso del 2012, dove l'approssimarsi al colore giallo implica una maggiore felicità. L'opposto quando il colore si tinge di rosso. Come si può vedere, sembrano emergere dei chiari trend temporali, con i mesi primaverili, e in parte estivi, più chiari (e quindi più felici) degli altri, ma non mancano le eccezioni con punti gialli (e rossi) sparsi anche negli altri mesi.

Molti di questi "picchi di felicità" sono dovuti ad eventi estemporanei. Giusto per citare alcuni esempi, gli italiani sono stati più allegri e felici nei giorni che coincidono, tra le altre cose, con la liberazione di Rossella Urru, con l'avvio delle Olimpiadi di Londra, con la vittoria della Juventus in campionato, con la fine della maturità e l'inizio dell'estate. Ma i veri e propri picchi di improvvisa felicità ci sono stati

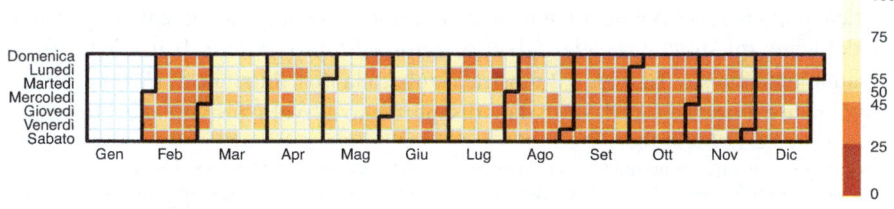

**Fig. 3.1** Il Calendario della Twitter-Felicità nel corso del 2012 in Italia

**Tabella 3.1** Gli eventi legati ai picchi di felicità... e di tristezza nel corso del 2012

| Eventi ☺ | | |
|---|---|---|
| Vittoria di Obama | Indice di felicità nell'ultimo giorno di voto (5 novembre) iHappy = 36% | L'euforia durante la notte dei risultati elettorali (6 novembre) iHappy = 63% (+26 punti) |
| Goal di Balotelli nella semifinale dell'Europeo | Prima dei goal di Balotelli (28 giugno) iHappy = 44% | Il giorno di Super Mario (29 giugno) iHappy = 51% (+7 punti) |
| La notte prima della fine del mondo | Due giorni prima (19 dicembre) iHappy = 42% | La notte prima della fine del mondo (20 dicembre) iHappy = 64,5% (+22,5 punti) |
| Eventi ☹ | | |
| Terremoto in Emilia e attentato alla scuola Morvello-Falcone di Brindisi | Due giorni prima (18 maggio) iHappy = 70,2% | Paura per il terremoto e sdegno per l'attentato alla scuola (20 maggio) iHappy = 44,4% (−25,8%) |

soprattutto grazie ai goal di Balotelli contro la Germania nella semifinale dell'Europeo, alla vittoria di Obama alla presidenziali americane e alla notte prima della fine del Mondo prevista dai Maya (e a ragione: non siamo morti dopotutto...). E gli avvenimenti che hanno prodotto più tristezza, paura e ansia tra gli italiani? Purtroppo le ragioni anche qua non mancano: dalla strage di bambini alla scuola di Newtown, agli scandali che hanno coinvolto amministratori pubblici in diverse Regioni italiane, all'aumento delle tasse, al caso di doping di Schwazer. Il terremoto dell'Emilia e l'attentato alla scuola Morvillo-Falcone di Brindisi sono stati in particolare le due tragedie che nel 2012 hanno segnano di più, in negativo, l'andamento di *iHappy*, con un crollo di felicità per quasi 30 italiani su 100.

Da questo punto di vista, l'evidenza appena mostrata, e in particolare il fatto che *iHappy* tenda a reagire agli eventi nel modo in cui ci aspetteremmo (positivamente per eventi felici, negativamente per eventi infelici) è rassicurante sulla qualità del nostro indice, che appare dunque davvero in grado di catturare qualche cosa di profondo legato alle emozioni degli italiani, al di là della *querelle* sulla rappresentatività e sulla possibile auto-selezione di chi scrive in rete, aspetti su cui abbiamo già discusso in precedenza (e su cui ritorneremo più puntualmente nel Cap. 4).

L'Italia è però il paese dei mille (e più campanili). Quindi l'andamento della felicità (e della tristezza) a livello nazionale potrebbe non necessariamente rispecchiare fedelmente quello che accade a livello regionale o provinciale. E in effetti accade esattamente questo. La Fig. 3.2 mostra a sinistra la distribuzione di *iHappy* a livello regionale e a destra il medesimo dato disaggregato a livello provinciale.[2] Emerge in

---

[2] Questo aspetto rappresenta un ulteriore vantaggio legato al monitoraggio della felicità attraverso i social media. Molto raramente, infatti, sono disponibili dei sondaggi diretti a catturare il livello di felicità a livello sub-nazionale, e nei rari casi in cui questo accade, di solito il massimo livello di disaggregazione possibile è quello regionale. Da qua la difficoltà (se non la vera e propria impossibilità) di un confronto

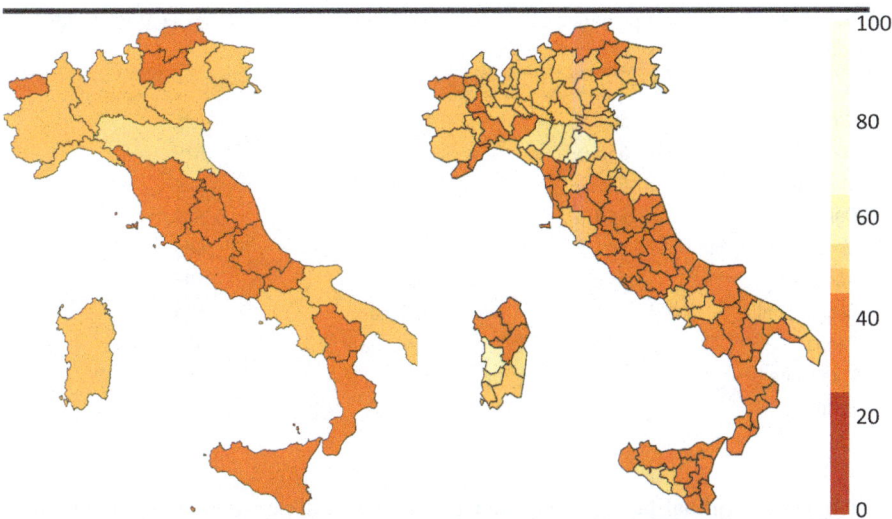

**Fig. 3.2** Felicità media annuale delle regioni (a sinistra) e delle singole province italiane (a destra)

questo senso una interessante differenza tra le regioni e province italiane, che tuttavia non combacia con le classiche divisioni geo-politiche, sociali ed economiche del paese (a partire dal contrasto Nord vs. Sud). Tra le regioni l'Emilia Romagna (51%) risulta quella più felice, seguita dal Friuli Venezia Giulia e dalla Lombardia. Ma bene va anche la Sardegna, ed in parte Campania e Puglia. Per quanto riguarda le province, tra quelle mediamente più felici al primo posto c'è Oristano (percentuale media di felicità durante il 2012: 56,6%), seguita da Bologna (56,1%) e Modena (55%). Tra le grandi città, bene Firenze (al 17°), Bari (al 24°) e Milano (al 25°). A metà classifica Napoli e Torino, mentre più staccate Palermo (70°) e Roma (73°).[3]

D'altra parte, questo risultato non dovrebbe sorprenderci più di tanto. Ciò che rende unico l'indice *iHappy* è il suo essere basato interamente sulle reazioni istantanee dei singoli individui agli avvenimenti che accadono nella vita di ciascuno e che possono incidere positivamente o meno sul proprio livello di felicità. Questi avvenimenti possono essere i più disparati, da quelli importanti, che cambiano una vita, alle "piccole cose" di ogni giorno come ci ricorda giustamente Trilussa: la nascita di un figlio, il litigio con la fidanzata, un compleanno da festeggiare, una bella giornata di sole, la vittoria della propria squadra del cuore, un furto subito, una pietanza deliziosa, una passeggiata nel centro città. In questo senso, altri fattori, legati ad esempio a differenze istituzionali tra le varie zone dell'Italia, esercitano gioco forza un impatto più contenuto. Le persone, tendono infatti ad "abituarsi" con il tempo al contesto e alle circostanze in cui vivono (una città più o meno ricca, più o meno inquinata, con

---

tra aree diverse appartenenti allo stesso paese.
[3] Per i dati su ciascuna regione e provincia, incluso il loro andamento durante tutto il 2012, si veda l'ebook di Ceron *et al.* (2013).

**Tabella 3.2** Prime dieci province per Felicità (iHappy) e per Qualità della Vita (Sole24Ore) nel 2012

| Classifica iHappy | % media iHappy | Classifica Sole24Ore | Punteggio Sole24Ore |
|---|---|---|---|
| Oristano | 56,6% | Bolzano | 626 |
| Bologna | 56,1% | Siena | 616 |
| Modena | 55% | Trento | 604 |
| Ogliastra | 54,1% | Rimini | 589 |
| Medio Campidano | 54,1% | Trieste | 586 |
| Agrigento | 53,6% | Parma | 586 |
| Reggio Emilia | 52,1% | Belluno | 584 |
| Parma | 50,6% | Ravenna | 581 |
| Pordenone | 49,9% | Aosta | 581 |
| Forlì | 49,8% | Bologna | 577 |

più o meno criminalità, e così via) senza che questo, di per sé, incida più di tanto sul loro grado di felicità (Levinson, 2013).

A conferma di ciò, nella Tabella 3.2 abbiamo confrontato la classifica delle dieci province con un valore di *iHappy* più elevato nel corso del 2012 con la corrispondente classifica delle dieci province italiane che presentano una qualità della vita più elevata sulla base della analisi che produce ogni anno il Sole24Ore [8]. Come noto, tale classifica si basa sull'aggregazione di diversi indicatori istituzionali, dalla qualità dei servizi pubblici al reddito medio, includendo numerose dimensioni che

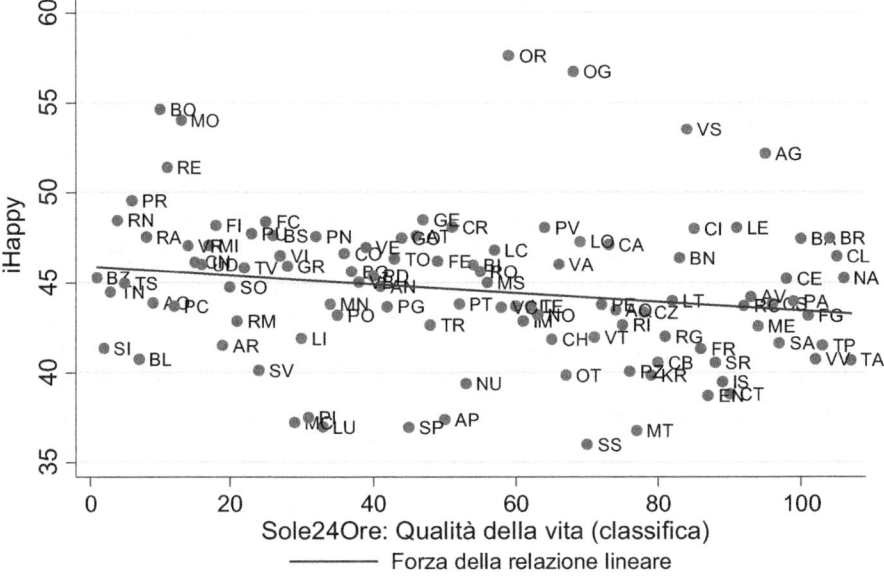

**Fig. 3.3** Correlazione tra iHappy e la classifica della Qualità della vita in Italia nel 2012

afferiscono al benessere oggettivo (invece che soggettivo) delle persone. A parte Bologna e Parma, presenti in entrambe le classifiche, la sovrapposizione tra le due graduatorie appare assente.

La Fig. 3.3 semplicemente rafforza quanto appena detto. La correlazione tra *iHappy* e la classifica relativa al 2012 del Sole24Ore sulla qualità della vita di tutte le province italiane è tutto sommato debole (r di Pearson: -0,19). Ne consegue, ritornando a quanto notato in precedenza, che cercare di misurare il benessere sociale e la qualità della vita delle diverse comunità esclusivamente sulla base di indicatori istituzionali, può far perdere di vista altri aspetti, più privati e legati alla sfera personale delle relazioni sociali, ma altrettanto importanti. Fattori che, per giunta, possono mutare rapidamente, a differenza di quelli per l'appunto istituzionali, che tendono a rimanere stabili nel medio-lungo periodo. Ma quali sono, allora, gli aspetti che più influenzano l'andamento di *iHappy*?

## 3.4
## Le possibili determinanti della felicità

Nei paragrafi precedenti abbiamo visto come l'indice *iHappy* abbia risposto ad eventi positivi e negativi che si sono manifestati nel corso del 2012. Ma al di là di questi momenti del tutto idiosincratici, esistono delle determinanti in grado di spiegarci in modo sistematico perché in alcuni momenti, e in alcune realtà, gli italiani siano stati più felici che in altri? Per farlo abbiamo identificato una serie di possibili fattori esplicativi legati ai diversi aspetti della vita di ciascuno di noi.

*Il meteo*: innanzitutto abbiamo controllato per le temperature medie giornaliere in ciascuna provincia, così come per la presenza di un giorno di pioggia o di neve. In aggiunta abbiamo introdotto una serie di interazioni tra la temperatura e ciascuna stagione (considerando l'autunno come la categoria di riferimento dell'analisi). La nostra aspettativa è che un aumento di temperatura produca una crescita di *iHappy* ma non necessariamente nella stessa misura in stagioni differenti, o per la stessa variazione di temperatura. In particolare, durante l'estate ci attendiamo una relazione non-lineare (una sorta di U invertita), tra temperatura e *iHappy*: ovvero, da un certo punto della colonnina Celsius in poi, non è detto che qualche grado in più si traduca necessariamente in maggiore felicità per gli italiani (specie quando fa già molto caldo...). Controllare per le variabili meteorologiche è importante, ed è un punto ampiamente notato dalla letteratura sulla felicità (si veda ad esempio Maddison and Rehdanz, 2013). Il fatto di poter disporre, come è nel nostro caso, di informazioni geolocalizzate in tempo reale [9] costituisce un vantaggio non da poco se l'obbiettivo è capire quanto siano "meteoropatici", anche in fatto di felicità, gli italiani.

*I giorni e le feste*: ricollegandoci a quanto appena detto, abbiamo anche controllato per l'impatto sulla felicità delle diverse stagioni, dei mesi dell'anno e financo dei giorni della settimana. Abbiamo inoltre introdotto una serie di controlli per quanto riguarda l'impatto di specifiche feste: dal giorno di San Valentino, alla Festa della Mamma (e del Papà), a Natale, alla Festa delle donne, fino ai giorni festivi.

*La società:* utilizzando le province come la nostra unità di analisi, abbiamo considerato la percentuale di single residenti in ognuna di esse, dato il recente (e a dire il vero molto acceso) dibattito sulla relazione tra l'essere sposato (o non esserlo) e la felicità (si veda per esempio Klinenberg, 2012 oppure Yap et al., 2012 per opposte visioni sul punto). Come ulteriori variabili sociali a livello macro abbiamo inoltre introdotto l'età media degli abitanti di una provincia, il numero di abitanti e il tasso di natalità [10].

*La geografia:* storicamente, come si sa, l'Italia è stata caratterizzata da forti differenze socio-culturali al suo interno (Putnam, 1994). A tal fine, abbiamo incluso due variabili dirette a misurare la latitudine e l'altitudine di ciascuna provincia.

*Le istituzioni:* nonostante la relazione tra variabili istituzionali e felicità non risulti decisiva, come illustrato in precedenza, la qualità delle istituzioni potrebbe comunque avere voce nell'influenzare il livello di *iHappy* in contesti differenti. Abbiamo perciò controllato per alcune variabili istituzionali come la dotazione di infrastrutture legate al divertimento, l'ordine pubblico [8] e il fatto che una provincia sia o meno capoluogo di regione.

*L'economia:* la letteratura sul rapporto tra soldi e felicità è quanto mai estesa, anche se rimane aperta la questione relativa a quanto la ricchezza conti veramente (discorso già accennato all'inizio di questo capitolo). Di conseguenza, per controllare l'impatto di questo fattore abbiamo incluso nell'analisi il PIL per-capita a livello provinciale [10]. Inoltre, considerato che i nostri dati sono giornalieri, siamo nelle condizioni di controllare per due fattori che hanno un indubbio impatto sulla situazione economica personale vissuta da una buona parte di italiani. Da un lato, il giorno in cui normalmente viene corrisposto lo stipendio a chi svolge un lavoro dipendente, ovvero il 27 di ogni mese, assieme al giorno che lo precede (per misurare l'effetto "attesa").[4] Dall'altro, i due giorni che precedono la scadenza per la presentazione, ad un Caf o ad un intermediario abilitato, dei documenti relativi alla propria Dichiarazione dei redditi (ovvero il 30 e 31 di maggio). Infine, siamo anche in grado di investigare l'effetto su *iHappy* prodotto dalle news finanziarie, in particolare da quelle relative all'andamento del valore dello spread tra i titolo di stato decennali tedeschi, Bund, e italiani, BTP. Questo, come ben si sa, è stato uno dei grandi leitmotiv di tutto il 2012 legato anche al perdurare della crisi economica e finanziaria in Europa.

## 3.5
## Cosa spiega la felicità degli italiani?

I nostri dati formano un panel bilanciato comprendente 110 province osservate giornalmente lungo tutto il 2012 (con l'eccezione del mese di gennaio). Questo ha prodotto oltre 36 mila osservazioni. Per stimare il nostro modello econometrico abbiamo

---

[4] Nel 2010, la percentuale di lavoratori dipendenti costituiva il 76,6% di tutta la forza lavoro (fonte: Cnel, si veda [11]. Ne consegue che per 3 italiani su 4 il giorno della busta paga avviene sostanzialmente nello stesso momento.

## 3.5 Cosa spiega la felicità degli italiani?

utilizzato una semplice analisi di regressione condotta con errori standard robusti. Data però la natura temporale dei nostri dati (per ciascuna provincia abbiamo infatti osservazioni ripetute nel tempo) abbiamo anche incluso tre valori ritardati della variabile dipendente *iHappy* (iHappy$_{t-1}$, iHappy$_{t-2}$, iHappy$_{t-3}$) per rendere conto della possibile esistenza di un meccanismo di aggiustamento graduale dello stesso *iHappy* a fronte di cambiamenti nelle variabili indipendenti (Baltagi, 2005). Come mostreremo, i valori ritardati sono tutti significativi nel nostro modello statistico. Inoltre, la loro introduzione permette di eliminare i problemi di correlazione seriale nell'analisi (sulla base del test del moltiplicatore di Lagrange). La Tabella 3.3 presenta i risultati del modello stimato.[5]

**Tabella 3.3** Le determinanti di iHappy durante il 2012 (Errori standard robusti tra parentesi) + p < 0.10, * p < 0.05, ** p < 0.01, *** p < 0.001

|  | Coefficiente | Errore standard |
|---|---|---|
| *Dinamica temporale* | | |
| iHappy$_{t-1}$ (valore di iHappy il giorno precedente) | 0,207*** | (0,008) |
| iHappy$_{t-2}$ (valore di iHappy due giorni prima) | 0,122*** | (0,009) |
| iHappy$_{t-3}$ (valore di iHappy tre giorni prima) | 0,135*** | (0,008) |
| *Meteo* | | |
| Temperatura | −0,490*** | (0,071) |
| Estate | −19,603*** | (5,736) |
| Temperatura*Estate | 1,578** | (0,484) |
| Temperatura al quadrato | 0,010*** | (0,002) |
| Temperatura al quadrato *Estate | −0,029** | (0,010) |
| Inverno | −1,830* | (0,821) |
| Temperatura*Inverno | 0,341*** | (0,059) |
| Primavera | −0,934 | (1,105) |
| Temperatura*Primavera | 0,250*** | (0,063) |
| Giorno di pioggia | −0,429* | (0,184) |
| Giorno di neve | −0,335 | (0,533) |
| *I Giorni* | | |
| Giorni festivi | 0,039 | (0,328) |
| Festa delle donne | 2,659*** | (0,615) |
| Festa della mamma | 8,653*** | (0,699) |
| San Valentino | 2,899** | (1,012) |
| Ultimo dell'anno | 0,858 | (1,077) |
| *Dinamica temporale* | | |
| Ferragosto | 5,517*** | (1,620) |
| Natale | 14,987*** | (1,578) |

---

[5] Abbiamo anche ristimato il modello pesando ciascuna provincia per il numero di tweet postati dalla stessa, per scontare il fatto che da alcune province (come Milano) vengono pubblicati in rete molti più tweet rispetto ad altre province più piccole (come Campobasso). I risultati rimangono qualitativamente gli stessi anche in questo secondo scenario.

**Tabella 3.3** continua

| | Coefficiente | Errore standard |
|---|---|---|
| Festa del papà | 2,587*** | (0,695) |
| Lunedì | 1,004** | (0,312) |
| Martedì | 2,415*** | (0,319) |
| Mercoledì | −0,908** | (0,300) |
| Giovedì | 1,316*** | (0,267) |
| Venerdì | 0,318 | (0,286) |
| Sabato | 2,009*** | (0,271) |
| Febbraio | −5,297*** | (0,801) |
| Marzo | 1,584* | (0,695) |
| Aprile | 3,088*** | (0,598) |
| Maggio | 3,629*** | (0,507) |
| Giugno | 2,723*** | (0,369) |
| Luglio | 5,290*** | (0,369) |
| Settembre | −3,606*** | (0,608) |
| Ottobre | −5,178*** | (0,639) |
| Novembre | −4,213*** | (0,772) |
| Dicembre | −7,718*** | (0,986) |
| *Società* | | |
| % di single | 0,714*** | (0,204) |
| Popolazione | 0,000*** | (0,000) |
| Popolazione al quadrato | −0,000*** | (0,000) |
| Età media a livello provinciale | 1,540*** | (0,417) |
| Tasso di natalità | 1,031* | (0,477) |
| *Geografia* | | |
| Latitudine | 0,065 | (0,121) |
| Altitudine | −0,001 | (0,001) |
| *Istituzioni* | | |
| Ordine pubblico | 0,002 | (0,007) |
| Infrastrutture per divertimenti | 0,040*** | (0,012) |
| Capoluogo di provincia | 0,475 | (0,419) |
| *Economia* | | |
| (log del) reddito medio provinciale | −1,591 | (4,092) |
| Giorno della busta paga | −3,300*** | (0,347) |
| Giorno che precede la busta paga | 1,301*** | (0,360) |
| Giorni della dichiarazione dei redditi | −2,812*** | (0,490) |
| Andamento spread (valore del giorno precedente) | −0,028*** | (0,002) |
| Costante | −57,899+ | (32,902) |
| Osservazioni | 36.520 | |
| $R^2$ | 0,344 | |
| AIC | 289927,396 | |
| BIC | 290378,193 | |

Possiamo ora commentare più in dettaglio i risultati.

## 3.5.1
### Variabili dinamiche

*Le variabili ritardate di iHappy*: quando gli italiani sono stati felici i giorni precedenti, il "ricordo" di questa felicità tende a perdurare anche nei giorni successivi. In sostanza, questo significa che se c'è un qualche fattore che aumenta la felicità degli italiani in un dato momento, questo fattore avrà sì un effetto nell'immediato di quello stesso giorno, ma oltre a ciò ci sarà anche un non trascurabile impatto di medio periodo. L'opposto ovviamente accade laddove si verifichino degli avvenimenti che "deprimono" il buonumore degli italiani.

*Variabili legate al meteo*: quando la temperatura si alza, cresce anche la felicità degli italiani: un aumento ad esempio di 5 gradi in inverno fa aumentare la felicità di 1,4 punti, in primavera 8 gradi in più producono un risultato simile. Insomma l'equazione sole = felicità funziona, a meno che non sia estate: in questo caso per ogni aumento di 1 grado, *iHappy* cresce sì di 0,5 punti ma solo fino a quando la temperatura è sotto i 30 gradi: da quel punto in poi, i gradi smettono di avere un impatto sulla felicità aggregata degli italiani (il caldo va bene, ma non troppo!). D'altra parte nelle giornate di pioggia, si diventa tutti più malinconici e pensierosi, e quindi inevitabilmente l'allegria ne risente (un risultato che è stato riscontrato anche in altre realtà: Hannak *et al.*, 2012). La neve invece non mostra alcun effetto significativo: se una città tutta imbiancata è sicuramente bella da vedere, crea anche molti disagi.

*Variabili legate al giorno, al mese e alla stagione*: rimanere a casa dal lavoro o da scuola in un giorno festivo di per sé non è sufficiente per rendere gli italiani più felici (almeno statisticamente parlando). Al contrario, ciò che li rende più felici sono quei giorni che hanno un qualche cosa di "speciale", non necessariamente collegato ad una festività. Dalla Festa della Mamma (+8,7 punti di felicità media in più quel giorno), a quella del Papà (anche se qua l'effetto è di oltre tre volte inferiore rispetto al giorno della mamma...), alla Festa delle donne (+2,7 punti di felicità), a San Valentino (+2,9 punti), a Ferragosto (+5,5). E non poteva ovviamente mancare Natale: ben +15 punti di felicità (ovvero quasi 15 italiani felici in più ogni 100), mentre il 31 dicembre non influenza più di tanto (forse perché gli italiani risultano troppo stressati per i preparativi del veglione o malinconici per l'anno che se ne va). Insomma, c'è tutta l'Italia sulla base di questi dati: tradizionalista, attaccata alla famiglia (e "mammona"), che ha voglia di divertirsi, ma che rimane romantica e galante. Gli umori d'altra parte cambiano anche con le stagioni (un dato che, anche qua, non è una novità riscontrandosi comunemente anche a livello internazionale: Golder e Macy, 2011; Dodds *et al.*, 2011): gli italiani sono più felici con l'arrivo della primavera (54,5%: con un balzo a fine marzo e ad aprile), molto di meno in autunno (35,6%, in particolare in ottobre) e anche in inverno (in particolare a dicembre e a febbraio). E durante la settimana? Oltre al Sabato, si è felici di Martedì, meno il Mercoledì. Il fatto che tutti i giorni (tranne proprio il Mercoledì) presentino un coefficiente positivo, conferma indirettamente come la Domenica (la nostra categoria di riferimento per quanto riguarda i giorni nel modello statistico) sia generalmente un giorno "triste" (un dato che ritorna, ancora un volta, anche in altri paesi: Akay e Martinsson, 2009).

*Variabili economiche legate ai fatti del giorno*: lo spread non fa male solo al portafoglio, ma anche al buonumore degli italiani. Quando lo spread sale il giorno prima, il giorno dopo (quando lo si legge sul giornale o ne sentiamo la notizia in televisione o in radio) crescono le preoccupazioni (per la possibile introduzione di nuove tasse?) e la felicità ne risente. Quando lo spread scende invece siamo tutti più sereni e felici (50 punti di spread in meno equivalgono a quasi 2 punti di felicità italiana in più). *iHappy* aumenta poi sensibilmente (+1,3 punti) quando si attende lo stipendio (ovvero il 26 di ogni mese), ma una volta ricevuto il 27 (e magari una volta controllato quanto rimane dopo le varie bollette e spese che occorre sostenere...), gli italiani tornano a deprimersi (-3 punti di *iHappy*). Lo stesso effetto "depressivo" su *iHappy* si ha a fine maggio, in concomitanza con il pagamento delle tasse (-3 punti).

### 3.5.2
### Variabili statiche

*Variabili economiche e geografiche*: Sull'idea che i soldi facciano la felicità si è scritto e discusso a più riprese. Ma almeno in Italia i soldi, di per sé, non appaiono incidere più di tanto a livello aggregato, dal momento che vivere in una provincia più (o meno) ricca non produce alcuna differenza. Un risultato che conferma studi precedenti (Clark et al., 2008) sulla niente affatto scontata relazione tra ricchezza e felicità, specie a livello locale: se infatti la ricchezza sembra presentare un potere esplicativo importante nello spiegare la differenza di felicità tra paesi (in particolare tra quelli ricchi e quelli poveri), la situazione diventa decisamente più complicata laddove si vuole spiegare la felicità, e la sua variazione, entro un medesimo paese (Levinson, 2013; Curini *et al.*, 2013). Lo stesso accade per la geografia: abitare al nord o al sud, in montagna o in pianura, al netto delle altre variabili in gioco, non è decisivo. Insomma, almeno quando si parla di felicità, gli italiani, dalle Alpi alla Sicilia, passando per gli Appennini, sono davvero uguali.

*Variabili demografiche e sociali*: La felicità in Italia è portata dalla "cicogna". *iHappy* aumenta infatti quando è in arrivo un bambino: per ogni punto percentuale in più nel tasso di natalità, si guadagna un punto di felicità. Ma la felicità cresce anche laddove l'età media provinciale si innalza: per ogni anno in più, la felicità sale di 1,5 punti. Forse perché più anziani significa anche più "baby sitter" (gratuiti) per i bambini e una rete di sostegno (anche economica) rilevante per le giovani generazioni. Senza contare che sono i giovani quelli che soffrono maggiormente per via della crisi economica. Ma se la vita di coppia fa bene (quando la famiglia si allarga), non è detto che essere single sia motivo di tristezza. Al contrario, un aumento di 5 punti nella percentuale di single che vive intorno a una persona, fa aumentare la felicità di 3,6 punti. E anche qua la crisi, almeno in parte, sembra c'entrare, dato che la caduta del tenore di vita dei "single", al netto dell'inflazione, in questi ultimi anni è stata meno forte che per le famiglie [12]. Insomma possiamo dire che quando si è single, tutte le coppie sembrano felici, e quando si è sposati, si rimpiange la vita da single...Ma nel bene e nel male si può essere felici in entrambi i casi. E la città perfetta? Da un punto di vista delle dimensioni, l'ideale sembra poter vivere in una realtà tra 1 e 2 milioni di persone (felicità media: 47,2), mentre abitare nelle quattro principali metropoli italiane (Milano, Roma, Napoli, Torino) crea stress, e la felicità ne risente.

*Variabili istituzionali*: e la qualità delle istituzioni? Vivere in una provincia in cui i problemi di ordine pubblico (furti, infrazioni ecc.) sono elevati non sembra necessariamente essere un elemento negativo per la felicità, forse perché oramai di "isole felici" in Italia dal punti di vista della criminalità ne sono rimaste poche. Anche abitare in un capoluogo di provincia non risulta essere rilevante. Al contrario, avere nella propria provincia una forte dotazione di infrastrutture per il tempo libero e per il divertimento (cinema, teatri, musei, discoteche ecc.) rende tutti più felici: migliorare di 30 posizioni nella classifica delle città meglio attrezzate per divertirsi (ad esempio da Gorizia a Rimini, regina incontrastata del divertimento in Italia nel 2012 per la classifica del Sole24Ore) fa infatti guadagnare poco più di 1 punto sulla scala del buonumore. Una crescita significativa, certo, ma non molto rilevante. A testimonianza del fatto che per essere davvero felici, più che le infrastrutture occorre altro…

## Appendice

Per seguire quotidianamente l'andamento della Twitter-Felicità in Italia basta consultare il sito web dedicato [1], oppure scaricare l'applicazione gratuita disponibile sia per iPhone [2] che per Android [3] con cui è possibile monitorare la felicità giornaliera per le 110 province italiane.

## Riferimenti web

1. Voices from the Blogs, "La felicità al tempo di Twitter," [Online]. Available: http://www.blogsvoices.unimi.it.
2. iTunes, "iHappy – by Voices from the Blogs," [Online]. Available: https://itunes.apple.com/us/app/ihappy/id520521133?mt=8.
3. Google Play, "iHappy," [Online]. Available: https://play.google.com/store/apps/details?id=it.arsetmedia.iHappy.
4. The Guardian- Allegra Stratton, "Happiness index to gauge Britain's national mood," 14 novembre 2010. [Online]. Available: http://www.guardian.co.uk/lifeandstyle/2010/nov/14/happiness-index-britain-national-mood.
5. The Guardian- Annie Kelly, "Gross national happiness in Bhutan: the big idea from a tiny state that could change the world," 1 dicembre 2012. [Online]. Available: http://www.guardian.co.uk/world/2012/dec/01/bhutan-wealth-happiness-counts.
6. Wikipedia, "Giornata internazionale della felicità," [Online]. Available: http://it.wikipedia.org/wiki/Giornata_internazionale_della_felicit%C3%A0. [Consultato il giorno luglio 2013].
7. The University of Vermont – Joshua E. Brown, "Study: Happiness Down," 16 dicembre 2011. [Online]. Available: http://www.uvm.edu/~uvmpr/?Page=news&storyID=12986.

8. Il Sole 24Ore, "Qualità della vita 2012," [Online]. Available: http://www.ilsole24ore.com/speciali/qvita_2012/home.shtml. [Consultato il giorno luglio 2013].
9. IlMeteo.it, "Il Meteo," [Online]. Available: http://www.ilmeteo.it.
10. Istat, "Istat," [Online]. Available: http://www.istat.it/it/.
11. Consiglio Nazionale Economia e Lavoro, "Banca dati sul Mercato del Lavoro," [Online]. Available: http://www.cnel.it/159. [Consultato il giorno luglio 2013].
12. Corriere della Sera- Francesca Basso, "Ecco i veri conti delle famiglie," 10 gennaio 2013. [Online]. Available: http://www.corriere.it/economia/13_gennaio_10/basso-veri-conti-famiglie-persi_fd02f1be-5aed-11e2-b99a-09ab2491ad91.shtml.

## Riferimenti bibliografici

Akay A, Martinsson P (2009) Sundays Are Blue: Aren't They? – The Day-of-the-Week Effect on Subjective Well-Being and Socio-Economic Status. Working Papers in Economics 397, University of Gothenburg, Department of Economics

Alesina A, Glaeser E, Sacerdote B (2005) Work and leisure in the US and Europe: why so different? Mimeo: Harvard University

Baltagi BH (2005) Econometric Analysis of Panel Data (terza edizione). John Wiley & Sons

Ceron A, Curini L, Iacus SM (2013) iHappy, Milano: Wired Italia. URL: http://www.wired.it/uploads/attachments/201305/0502_E-book_twitter_felicita.pdf

Clark AE, Frijters P, Shields MA (2008) Relative income, happiness, and utility: An explanation for the Easterlin paradox and other puzzles". Journal of Economic Literature 46:95–144

Cohen S, Doyle WJ, Turner RB, Alper CM, Skoner DP (2003) Emotional style and susceptibility to the common cold. Psychosomatic Medicine 65(4):652–57

Curini L, Jou W, Memoli V (2013) How Moderates and Extremists find Happiness: Ideological Orientation, Citizen-Government Proximity, and Life Satisfaction. International Political Science Review. doi:10.1177/0192512113489922

Deaton A (2011) The financial crisis and the well-being of Americans. NBER Working Paper No. 17128

Dodds PS, Harris KD, Kloumann IM, Bliss CA, Danforth CM (2011) Temporal Patterns of Happiness and Information in a Global Social Network: Hedonometrics and Twitter. PLoS ONE 6(12):e26752. doi:10.1371/journal.pone.0026752

Easterlin RA (2010) The Happiness-Income Paradox Revisited. PNAS, December 2010

Easterlin RA (1974) Will raising the income of all increase the happiness of all? Journal of Economic behavior and Organization. June 1995, 27(1):35–47

Gleibs IH, Morton TA, Rabinovich A, Haslam SA, Helliwell JF (2013) Unpacking the hedonic paradox: A dynamic analysis of the relationships between financial capital, social capital and life satisfaction. British Journal of Social Psychology 52(1):25–43

Go A, Bhayani R, Huang L (2009) Twitter Sentiment Classification using Distant Supervision. In: Stanford Tech Report, December 2009

Golder SA, Macy MW (2011) Diurnal and Seasonal Mood Vary with Work, Sleep, and Daylength Across Diverse Cultures. Science 333(6051):1878–1881

Hannak A, Anderson E, Barrett LF, Lehmann S, Mislove A, Riedewald M (2012) Tweetin' in the Rain: Exploring Societal-scale Effects of Weather on Mood. Proceedings of the Sixth International AAAI Conference on Weblogs and Social Media

Kahneman D, Krueger AB, Schkade DA, Schwarz N, Stone AA (2004) A survey method for characterizing daily life experience: the day reconstruction method. Science 306(5702):1776–780

Killingsworth M, Gilbert T (2010) A wandering mind is an unhappy mind. Science 330(6006):932. doi:10.1126/science.1192439

Klinenberg E (2012) Going Solo: The Extraordinary Rise and Surprising Appeal of Living Alone. Penguin Book: New York

Kramer A (2010) An unobtrusive behavioral model of "Gross National Happiness". In: Proceedings of the 28th ACM CHI

Layard R (2006) Happiness and Public Policy: A Challenge to the Profession. Economic Journal 116:C24–C33

Legrenzi P. (1998) La felicità. Bologna: il Mulino

Levinson A (2013) Happiness, Behavioral Economics, and Public Policy. NBER Working Paper 19329

Mac Kerron G, Mourato S (2012) www.mappiness.org.uk

Maddison D, Rehdanz K (2013) The Impact of Climate on Happiness and Life-Satisfaction. Ecological Economics

Palmer JRB, Espenshade Tj, Bartumeus F, Chung CY, Ozgencil NE, Li K (2013) New Approaches to Human Mobility: Using Mobile Phones for Demographic Research. Demography 50(3):1105–1128

Putnam R (1994) Making Democracy Work: Civic Traditions in Modern Italy. Princeton: Princeton University Press

Quercia D, Ellis J, Capra L, Crowcroft J (2011) Tracking "Gross Community Happiness" from Tweets. Technical Report, RN/11/20, University College London

Schwartz N, Strack F (1999) Reports of subjective well-being: judgmental processes and their methodological implications. In: Kahneman D, Diener E, Schwarz N (eds) Wellbeing: the foundations of hedonic psychology, New York: Russell Sage, pp 199–202

Schwarz N (1987) Stimmung als information: untersuchungen zum Einflus von Stimmungen auf die Bewertung des eigenen Lebens. Heidelberg: Springer Verlag

Yap SCY, Anusic I, Lucas RE (2012) Does Personality Moderate Reaction and Adaptation to Major Life Events? Evidence from the British Household Panel Survey. Journal of Research in Personality 46(5):477–88

# Sentiment Analysis ed elezioni: prevedere è possibile?

**4**

- Prevedere le elezioni con i social media
- Le elezioni presidenziali e parlamentari francesi 2012
- Le elezioni presidenziali statunitensi 2012
- Le elezioni primarie del centro-sinistra in Italia nel 2012
- Le elezioni politiche italiane 2013
- Perché funziona

*Le predizioni sono molto difficili,*
*specialmente per il futuro*
Niels Bohr

## 4.1
### Prevedere i risultati elettorali con i social media: *Adelante, con juicio*

La crescita esponenziale dei social media sta iniziando a giocare un ruolo sempre più centrale nella vita politica dei regimi democratici e non solo. I social media sono stati utilizzati, ad esempio, per organizzare dimostrazioni e rivolte durante la cosiddetta "Primavera Araba" (Cottle, 2011; Ghannam, 2011);[1] per coinvolgere individui in varie forme di mobilitazione su temi pubblici (Bennett e Segerberg, 2011; Segerberg e Bennett, 2011), come avvenuto in occasione delle imponenti manifestazioni in Turchia dell'estate 2013 volte ad impedire la distruzione del parco di Gezi (Baykurt, 2013, [1, 2]); e per costruire movimenti sociali o veri e propri partiti politici, come il Partito dei Pirati in Svezia e in Germania o il '*Movimento 5 Stelle*' in Italia (Biorcio e Natale, 2013; Mosca e Vaccari, 2011), tutte realtà che usano per l'appunto la rete per definire le loro linee programmatiche e per selezionare i rispettivi candidati.

---

[1] Per una visione più scettica sulle potenzialità "politiche" dei social media, si veda Morozov (2009) con riferimento alle proteste seguite alle elezioni iraniane del 2009. In modo simile, Wagner e Gainous (2013) mostrano come la diffusione di internet abbia un impatto positivo sulla partecipazione politica, in particolare tra i giovani, ma solo laddove i governi non interferiscono attivamente sul suo accesso e utilizzo.

A. Ceron et al., *Social Media e Sentiment Analysis. L'evoluzione dei fenomeni sociali attraverso la Rete,* Sxi 9, DOI: 10.1007/978-88-470-5532-2_4, © Springer-Verlag Italia 2014

La diffusione dei social media al livello discusso nel Cap. 1, ha fatto emergere d'altro canto anche un forte interesse ad analizzare la rete per esplorare direttamente le preferenze politiche dei suoi utenti (Barberá, 2012; Conover *et al.*, 2011; Madge *et al.*, 2009; Woodly, 2007), così come la popolarità dei leader politici (Ceron *et al.*, 2013) oppure il consenso rispetto a specifiche iniziative adottate dai governi (O'Connor *et al.*, 2010; Gloor *et al.*, 2009).[2] Diverse ragioni spingono a ritenere che l'analisi dei social media durante una campagna elettorale possa essere in questo senso un utile complemento ai tradizionali sondaggi (Xin *et al.*, 2010). Al di là dell'essere decisamente economica, almeno se confrontata con i costi legati all'organizzazione, somministrazione e raccolta dati dei sondaggi demoscopici, l'analisi condotta in rete permette di monitorare costantemente, giorno per giorno, e financo, ora per ora, l'evoluzione di una campagna elettorale.[3] Partendo da queste premesse, la prospettiva di effettuare un esercizio di *nowcasting*, in questo caso rispetto alle dinamiche di una campagna elettorale, diventa una concreta possibilità; attraverso i social media sarebbe così possibile osservare i trend ed individuare gli eventuali improvvisi cambiamenti d'umore dell'opinione pubblica (come risultato, ad esempio, di un dibattito televisivo: si veda il Par. 4.4.1), ben prima di quello che potrebbe accadere affidandosi ai sondaggi tradizionali (Jensen e Anstead, 2013), se non altro per motivi tecnici: tra la somministrazione di un sondaggio, la raccolta dei dati e la loro analisi possono passare giorni. Nel caso dell'analisi della rete, ore.

Alcuni ricercatori però si spingono più in là. Nel Cap. 1 abbiamo discusso di come i social media possano essere di aiuto per cercare di prevedere vari fenomeni sociali, dall'andamento dei mercati azionari alla diffusione dell'influenza. Sulla scia di questi studi, si è acceso anche il dibattito in merito alle potenzialità di utilizzare i social media per prevedere i risultati delle elezioni (Tjong e Bos, 2012). Questo sfida sembra essere intrigante ma al tempo stesso particolarmente difficile perché quando si parla di elezioni ci si confronta, per definizione, non solo con i sondaggi elettorali, ma anche con un indicatore inconfutabile: il voto degli elettori. Le previsioni elettorali sono dunque uno dei pochi campi all'interno delle scienze sociali in cui è possibile parlare davvero di 'previsione' nel senso di *forecast*, proprio perché esiste

---

[2] Un ulteriore approccio presente in letteratura legato al tema "social media e politica" adotta una prospettiva differente, privilegiando l'analisi di come lo sviluppo della rete abbia influenzato il contenuto delle campagne elettorali e le modalità di comunicazione politica sia dei candidati che dei partiti (Gibson *et al.*, 2008, Larsson and Moe, 2012; Smith, 2009). Questo filone di studi rientra quindi in quella prospettiva "dall'alto" sull'analisi dei social media discussa nel Cap. 1.

[3] Esistono varie ragioni che rendono poco vantaggioso l'utilizzo dei sondaggi demoscopici per monitorare l'efficacia di una campagna elettorale (Shaw, 1999; Wlezien e Erikson, 2002). A causa degli elevati costi, i sondaggi non vengono ripetuti con cadenza giornaliera e quindi non permettono una autentica corrispondenza tra le variazioni registrate nelle intenzioni di voto e l'andamento quotidiano della campagna. Per effettuare una analisi più puntuale spesso vengono confrontati sondaggi effettuati da società demoscopiche diverse, ma questo può generare distorsioni perché sondaggi diversi tendono a generare risultati diversi (su questo aspetto: Dahlberg e Persson, 2013). In aggiunta, i sondaggi tradizionali pongono delle esplicite domande agli intervistati, con il rischio di incoraggiare delle risposte strategiche, in particolare su temi politici (Payne, 1951). Al contrario, analizzare i social media, come anticipato nel Cap. 2, non implica il ricorso a questionari ma richiede semplicemente l'ascolto di un flusso non sollecitato di opinioni. Da questo punto di vista, viene adottato un approccio *bottom-up*, diverso rispetto a quello tipicamente *top-down* dei sondaggi.

## 4.1 Prevedere i risultati elettorali con i social media: *Adelante, con juicio*

una misura esogena (ed incontrovertibile) dei risultati in base alla quale parametrare il successo o il fallimento del pronostico effettuato.

Gli studi che hanno utilizzato i social media per prevedere i risultati elettorali di certo non mancano: dagli Stati Uniti alla Germania, dall'Olanda al Portogallo, passando per Regno Unito, Catalogna, Singapore e Nuova Zelanda, gli esempi sono stati numerosi. La maggior parte di questi lavori utilizza alcune delle tecniche più semplici discusse nel Cap. 2, e si basa quindi su indicatori di popolarità, quali ad esempio il numero di amici e di "like" su Facebook, o di follower su Twitter (si veda ad esempio Upton, 2010; Williams e Gulati, 2008), oppure sul volume di dati, limitandosi a contare le menzioni, vale a dire il numero di volte in cui un candidato o un partito viene citato on-line. Ad esempio, Véronis (2007) ha mostrato che il numero di citazioni di un candidato nei post pubblicati su blog può essere una misura della sua performance elettorale, mentre confrontando le citazioni dei partiti circolate via Twitter durante la campagna in vista delle elezioni tedesche del 2009, Tumasjan *et al.* (2010) hanno osservato che il numero di tweet relativi a ciascun partito è fortemente relazionato alla sua percentuale di voti. DiGrazia *et al.* (2013) hanno invece analizzato le elezioni del Congresso degli Stati Uniti svoltesi nel 2010 mostrando come la percentuale di tweet che menzionavano un candidato repubblicano fosse correlata al distacco ottenuto nelle elezioni rispetto al rivale democratico.

Altri contributi hanno cercato di andare oltre rispetto alla misurazione del volume di dati e si sono focalizzati sul sentiment misurato attraverso dizionari ontologici. Lindsay (2008) ha osservato ad esempio una correlazione tra i sondaggi svolti in occasione delle elezioni presidenziali USA del 2008 ed il contenuto delle bacheche di Facebook. La sentiment analysis dei tweet ha prodotto previsioni abbastanza vicine all'effettivo risultato anche nel caso delle elezioni legislative olandesi del 2011 (Tjong Kim Sang e Bos, 2012) e del 2012 (Sanders e den Bosch, 2013), mentre l'utilizzo di diversi indicatori relativi ai social media (Facebook, Twitter, Google and YouTube) ha permesso di stimare i risultati dell elezioni parlamentari inglesi del 2010 con una accuratezza superiore rispetto al dato ottenuto tramite sondaggi tradizionali (Franch, 2012).

Ma entrambi questi filoni di analisi hanno fallito, in diverse circostanze, nel tentativo di pronosticare l'esito finale (Gayo-Avello *et al.*, 2011; Goldstein e Rainey, 2010; Cameron *et al.*, 2013; Chung e Mustafaraj, 2011). Ad esempio, nel caso delle elezioni tedesche del 2005 le previsioni basate sui blog tendevano a sovrarappresentare, e di molto, i piccoli partiti (Albrecht *et al.*, 2007). Qualcosa di simile si è verificato in realtà anche nelle elezioni tedesche del 2009: Jungherr *et al.* (2011) hanno replicato il lavoro di Tumasjan *et al.* (2010) dimostrando che se ci fossimo limitati a conteggiare il numero di tweet, il Partito Pirata (ignorato nella precedente analisi) avrebbe addirittura vinto le elezioni. Ma l'errore non riguarda sempre i partiti minori, come lo studio di Jansen e Koop (2005) sulle elezioni canadesi dimostra.

Partendo dall'osservazione di questi risultati, Gayo-Avello (2011, 2012) elenca una serie di limiti teorici comuni a tutti questi approcci. Una prima critica rinvia al fatto che nessuna delle precedenti analisi possa essere definita come una vera e propria "previsione", dato che nessuno di questi studi è stato pubblicato prima del voto ma solamente ex-post, ad elezioni avvenute. D'altra parte in questo caso il vero rischio è di sovrastimare la bontà del risultato finale: in altri termini, esiste la possibilità che gli autori rendano pubblici solo quei risultati ritenuti soddisfacenti, trascurando invece quelle analisi in cui non sia stata riscontrata alcuna relazione tra comportamento on-line e off-line. Questo selezione dei casi effettuata in base al risultato della previsione (la nostra variabile dipendente), è ovviamente un tipico esempio di dinamica che genera *selection bias* in ciò che osserviamo e valutiamo (su questo punto, si veda anche Lewis-Beck 2005).

Un secondo aspetto problematico è dato dalla difficoltà nel cogliere sarcasmo, doppi sensi, e dichiarazioni strategiche contenute nei testi analizzati. Prendendo in esame i dati sulle elezioni primarie del partito Repubblicano negli Stati Uniti, Shi *et al.* (2012) sostengono che l'unica strategia di successo dovrebbe essere quella di implementare algoritmi di analisi più sofisticati che vadano oltre rispetto all'utilizzo di dizionari ontologici impiegando tecniche di *machine learning*: solo insegnando agli algoritmi ad apprendere è possibile infatti cogliere, secondo gli autori, tutte le sfumature lessicali e comprendere il vero significato del linguaggio impiegato in rete.

In linea con questa critica, Gayo-Avello (2011, 2012) sottolinea anche che non tutti i tweet risultano necessariamente credibili: alcuni possono in effetti essere prodotti da 'robot' per scopi di propaganda. Più in generale in rete c'è molto rumore che può disorientare gli analisti. Distinguere il 'segnale' non è quindi impresa semplice. Infine, quasi mai una stessa tecnica è stata utilizzata ripetutamente in più di una singola elezione confrontando l'esito della previsione in contesti politici diversi tra di loro.

Come già discusso nel Cap. 2, esistono oggi tecniche che permettono di affrontare molte delle critiche qui evidenziate. Il metodo *iSA*, in particolare, rende possibile non solo andare oltre il mero conteggio delle menzioni e del volume di dati, ma introduce anche una significativa innovazione rispetto alle tradizionali tecniche di sentiment analysis. Lo stadio di codifica manuale consente infatti di misurare ironia e giochi di parole nonché di tenere conto dei cambiamenti che si possono verificare nell'utilizzo del linguaggio durante il periodo della campagna elettorale (un punto su cui torneremo più avanti). Questo metodo è d'altra parte in grado di rimediare (almeno parzialmente) al problema dello spam, identificando i tweet prodotti sia da utenti reali che da 'robot' appositamente per scopi propagandistici (è possibile distinguere ed isolare, ad esempio, quegli account che rappresentano un canale ufficiale o semi-ufficiale legato ad un partito politico, creato ad-hoc per pubblicizzare il messaggio della campagna). A prescindere da questo aspetto però, vale la pena di ribadire che l'esistenza di propaganda on-line non è necessariamente un problema. Se è vero che alcuni account sono creati ad arte per diffondere il messaggio, è anche vero che quello stesso messaggio non verrà rilanciato da altri utenti se non è condiviso. Quindi gli account propagandistici funzionano come un "megafono" solo quando in rete esiste un consenso ampio attorno al contenuto del messaggio postato. Al contrario, quando il tentativo di spam va a diffondere proposte politiche poco condivise dalla rete, le poche *centinaia o migliaia* di post prodotti dai robot o dagli uffici stampa dei partiti finiranno per perdersi nelle *centinaia di migliaia* di post pubblicati dagli elettori e analizzati dal sistema. D'altra parte, la scienza politica ci ricorda che la presenza di attivisti ha generalmente un impatto positivo sui voti conquistati dai partiti (si veda Aldrich, 1983), per cui quelle forze politiche che hanno più attivisti in grado di diffondere il messaggio on-line riusciranno a ottenere con tutta probabilità anche più voti off-line (sempre che, come detto, quel messaggio non venga del tutto ignorato dagli elettori).

Un ulteriore vantaggio del metodo *i*SA è quello di poter conteggiare i "voti" misurando l'espressione delle intenzioni di voto e non solo il generico sentiment (positov e/o negativo) verso un candidato o partito. Leggendo direttamente una quota di post nella fase di preparazione del training set, i codificatori possono infatti identificare con successo una esplicita o implica espressione di voto o di sostegno al partito/candidato. Questa espressione può essere come detto esplicita "io voto Bersani", "io sto con il PDL", oppure implicita quando si riprende uno slogan della campagna elettorale: "altri 4 anni #Obama2012", "è ora di cambiare il PD #Adesso", "mandiamoli tutti a casa #m5s #tsunamitour".

Infine, e da un punto di vista più strettamente statistico, come mostrato nel Cap. 2 il metodo *i*SA permette di produrre stime decisamente più affidabili a livello aggregato rispetto alle alternative che invece si basano su una classificazione dei testi a livello individuale. Questo è ovviamente *cruciale* in tutti quei casi in cui si analizzano i social media allo scopo di prevedere un risultato che è aggregato per definizione, ovvero la percentuale di voti dei diversi partiti/candidati, e in cui la differenza tra i contendenti è normalmente di pochi punti. In questo ultimo caso, affidarsi a tecniche che possono arrivare a produrre, a differenza di *i*SA, degli errori sull'ordine del 15–20%, equivale fondamentalmente a registrare solo "rumore" di fondo, a volte per giunta ingannevole, come vedremo. Insomma, per tutte le caratteristiche connaturate al metodo *i*SA discusse fin qui, la relazione tra social media, voti e previsioni sembrerebbe in grado di svilupparsi su un piano potenzialmente più promettente rispetto a quanto accaduto nei precedenti tentativi che utilizzavano tecniche di altro tipo.

Entrando nel dettaglio, in tutte le analisi che presenteremo nel corso di questo capitolo abbiamo considerato un tweet come una intenzione di voto qualora una delle seguenti quattro condizioni venisse soddisfatta: a) il tweet dichiara esplicitamente una intenzione di voto (in questo caso, l'intenzione di voto esplicita prevale su qualsiasi altro contenuto incluso nel tweet); b) il tweet contiene una espressione positiva riferita ad un candidato/partito assieme all'*hashtag* della campagna utilizzato da quel candidato/partito o dai suoi sostenitori; c) il tweet contiene una espressione negativa verso un candidato/partito rivale assieme all'*hashtag* utilizzato ufficialmente nella campagna elettorale di un altro candidato/partito (a cui la dichiarazione di voto viene in questo caso attribuita); d) il tweet mette direttamente a confronto due partiti/candidati esprimendo un giudizio negativo nei confronti dell'uno e legandolo ad un giudizio positivo nei confronti dell'altro.

Riguardo alla condizione b), considerare non semplicemente un generico giudizio positivo, ma un giudizio positivo *assieme* ad un *hashtag* in uno stesso tweet permette di focalizzarsi solo su quei "segnali" che essendo più costosi in termini di esposizione per chi li scrive (includere un *hashtag* equivale dopotutto ad una chiara presa di posizione) appaiono anche più credibili come contenuto (su questo punto, si veda l'estesa letteratura sulla teoria dei giochi, in particolare sui giochi di segnalazione: Banks, 1991).

Dall'altro lato, le condizioni c) e d) permettono di ridurre il livello di arbitrarietà contenuto nello stadio di supervisione dell'analisi. Ad esempio, un tweet in cui si dica solamente "Romney è il diavolo" non verrà conteggiato come voto a Obama: infatti, pur contenendo l'espressione di un sentimento negativo nei confronti di Mitt Romney, candidato repubblicano alle presidenziali statunitensi 2012, non può essere interpretato automaticamente come un sostegno ad Obama. Da un lato questo è vero perché oltre a Democratici e Repubblicani esistevano altri candidati in lizza a livello nazionale (si veda oltre), dall'altro lato in questo tipo di tweet non emerge in modo chiaro l'intenzione di tradurre l'atteggiamento espresso in un conseguente comportamento di voto. Questo permette di circoscrivere il peso dei tweet che si limitano ad esprimere negatività attraverso insulti ed attacchi personali verso qualcuno ma senza identificare una precisa alternativa gradita (e del resto, questo consente di considerare il fatto che alcuni utenti si esprimano on-line in modo negativo contro tutti i candidati, di volta in volta, optando verosimilmente per l'astensione).

Al contrario, anche per ridurre il fenomeno della "spirale del silenzio" (si veda il Par. 4.6 di questo capitolo), espressioni negative accompagnate da uno slogan o un *hashtag* che rimandano alla campagna elettorale di un partito/candidato verranno considerate come sostegno a quest'ultimo. Così ad esempio il tweet "*sulla vicenda #mps il #pd finge di non sapere. se fosse capitato a @berlusconi2013 lo avrebbero infangato #iostoconsilvio*" verrebbe codificato come voto al PDL perché effettua una comparazione tra due parti politiche facilmente identificabili fornendo un giudizio negativo esplicito nei confronti dell'una ma al tempo stesso esprimendo un sostegno implicito verso l'altra. Qualcosa di analogo accade quando ci troviamo di fronte a post che mettono in comparazione due leader/partiti ma formulando riferimenti positivi nei confronti di entrambi. In questo caso siamo spesso in grado di codificare correttamente il linguaggio cogliendo l'espressione di un sentiment positivo verso un leader legato però al voto strategico nei confronti di un altro. Ad esempio: "*Vendola mi fa battere il cuore ma voterò Bersani*" e "*Sono schierato al 90% col candidato dei libertari ma credo che voterò per Obama*" verranno correttamente interpretati come un voto strategico nei confronti di Bersani e di Obama per evitare la vittoria del rivale (rispettivamente, Renzi e Romney) anche se l'autore del tweet esprime chiaramente una visione politica che è più in linea con quella di candidati terzi, che non hanno però reali probabilità di vittoria.

Nelle nostre analisi, infine, i re-tweet (ovvero i messaggi postati da un utente A ma rilanciati in rete dall'utente B o C ecc.) nel momento in cui soddisfano una delle quattro condizioni indicate più sopra sono anch'essi conteggiati come "voti" per un candidato/partito. Anche se un re-tweet non produce di per sé nuova informazione, l'atto di rilanciare un tweet altrui implica quantomeno che l'utente consideri tale informazione rilevante (Jensen and Anstead 2013). D'altra parte, se è vero che normalmente un re-tweet non è necessariamente un *endorsment*, quando il tweet contiene una dichiarazione di voto per un candidato/partito, oppure include un *hashtag* ufficiale utilizzato nella campagna elettorale, ritwittarlo diventa, esattamente come

## 4.1 Prevedere i risultati elettorali con i social media: *Adelante, con juicio*

discusso più sopra, "costoso". Di conseguenza dovrebbe essere fatto, tendenzialmente, solo quando si condivide il contenuto del messaggio e la soggiacente intenzione di voto.

In questo capitolo presentiamo una serie di previsioni elettorali formulate adottando la tecnica *i*SA. Contrariamente alle critiche mosse da Gayo-Avello (2012) e menzionate più sopra, è importante osservare che nel nostro caso si tratta sempre di previsioni ex-ante, formulate e rese pubbliche prima del voto.[4] I tentativi di previsioni qui mostrati riguardano alcune delle principali elezioni svoltesi tra aprile 2012 e febbraio 2013 in Italia e all'estero. Nel dettaglio, abbiamo analizzato le elezioni presidenziali (aprile-maggio 2012) e legislative francesi (giugno 2012), le presidenziali americane (novembre 2012), le primarie del centrosinistra (novembre-dicembre 2012) e le elezioni politiche italiane (febbraio 2013). Si tratta di scenari molto diversi l'uno dall'altro. I casi analizzati variano per contesto e regime politico, presidenziale negli Stati Uniti, semi-presidenziale in Francia, parlamentare in Italia, ma anche per il tipo di competizione politica (multipartitica o basata su due candidati come nel ballottaggio delle presidenziali francesi o delle primarie italiane). Diversa è anche la legge elettorale in vigore, si spazia dal maggioritario a turno unico (per scegliere i grandi elettori USA) al sistema maggioritario a doppio turno (Francia), fino al proporzionale (Italia). Anche l'utilizzo e la diffusione dei social media (e in particolare di Twitter) nei tre paesi è diverso. Proprio per questo, tuttavia, il confronto tra questi casi rappresenta un utile punto di partenza per discutere delle potenzialità (e dei limiti) di questo tipo di analisi, sia in relazione alla sua capacità di raccontare fedelmente la "cronistoria" della campagna elettorale, sia dal punto di vista della sua capacità di anticipare i risultati finali.

Un ultimo punto riguarda la selezione dei tweet che sono stati analizzati: ci siamo concentrati sui tweet pubblicati in un dato periodo temporale (che varia da 50 giorni ad un solo giorno prima dell'elezione, a seconda delle diverse situazioni: si veda in seguito) e abbiamo raccolto ed analizzato tutti quelli che contenevano al loro interno almeno una parola contenuta in una lista di keyword appositamente selezionate per identificare l'argomento del tweet: queste keyword erano generalmente costituite dal nome dei leader politici e dei partiti che concorrevano alle elezioni, assieme agli *hashtag* più popolari utilizzati durante le varie campagne elettorali.

---

[4] L'analisi sulle Presidenziali americane e sul primo turno delle primarie del centro-sinistra sono apparse nel corrispondente speciale del sito internet del Corriere della Sera, dove il dato sul sentiment sulla rete veniva aggiornato quotidianamente. Lo stesso è accaduto per le elezioni italiane del 2013, almeno fino alla decisione di AgCom di bloccare la diffusione dell'umore della rete nei confronti dei partiti politici sul sito del Corriere (si veda [3]). Il risultato finale relativo alle elezioni italiane è poi apparso, alle ore 15 del giorno in cui si sono chiuse le urne, sia sul sito di Wired Italia che su quello del Corriere della Sera. L'analisi sul secondo turno delle elezioni primarie del centro-sinistra è stata invece reso pubblico, il giorno prima delle elezioni, su Radio24. Infine, i dati relativi all'analisi sulle elezioni presidenziali e legislative francesi sono stati pubblicati sul sito di Voices from the Blogs.

## 4.2
## Il confronto tra Sarkozy e Hollande giorno per giorno

Il 6 maggio 2012, Hollande e Sarkozy si sfidano, nelle urne, per il secondo turno delle elezioni presidenziali. L'intero paese si mobilita, e per diversi giorni la politica è il principale argomento di discussione. E non può essere diversamente, considerata l'importanza della posta in palio. Se è vero che i dibattiti della settimana pre-elettorale, sia quelli che vanno in onda in televisione, sia quelli che si svolgono in modo informale, tra amici o parenti, hanno come oggetto primario la scelta tra i due candidati, diventa naturale immaginare che anche on-line, ed in particolare su Twitter, non si parli d'altro. Così è, in effetti. Nell'ultima settimana prima del voto, abbiamo raccolto oltre 244 mila tweet che affrontavano l'argomento delle elezioni presidenziali, pubblicati on-line e provenienti dalle diverse aree del Paese.[5]

Questi tweet sono quindi stati analizzati per misurare le intenzioni di voto, distinguendo tra coloro che sembravano propensi a votare per il candidato socialista e chi invece avrebbe confermato il presidente uscente di centrodestra. Questa analisi, come vedremo, permette non solo di fornire una previsione in merito all'esito delle elezioni, ma anche di sfruttare il grande vantaggio fornito dai social media: la possibilità di monitorare giorno per giorno le preferenze espresse, mettendo in relazione le variazioni nelle intenzioni di voto registrate con gli accadimenti della campagna elettorale (scandali, proposte, dibattiti e *cuopes de théâtre*). Ovvero, e ritornando alla terminologia già utilizzata in precedenza, di effettuare una vera e propria operazione di previsione sul presente (*nowcasting*) praticamente in tempo reale.

Nei giorni compresi tra il 27 aprile ed il 5 maggio abbiamo effettuato 8 analisi puntuali, che permettono di ricostruire l'andamento della campagna. Come mostrato nella Fig. 4.1, Hollande risulta quasi sempre in vantaggio (questo accade in 7 rilevazioni su 8), con un margine che si allarga o si restringe a seconda degli eventi.

Se il 27 i due candidati risultano appaiati, con un leggero margine in favore di Hollande, il giorno successivo si registra invece un picco di preferenze a vantaggio del candidato socialista. La ragione di questo scostamento è da ricercare negli sviluppi della campagna ed il calo delle preferenze verso il presidente uscente è causato da uno scandalo politico che lo riguarda. In quei giorni Sarkozy viene infatti accusato di aver ricevuto fondi neri dal regime di Gheddafi, fondi che poi sarebbero stati utilizzati per finanziare la campagna elettorale presidenziale del 2007. A questo effetto si somma quello prodotto da un altro scandalo che emerge sui media proprio il 28 aprile, legato al presunto spionaggio effettuato da parte dei servizi segreti francesi nei confronti di Dominique Strauss-Kahn (DSK), esponente socialista rivale di Sarkozy e precedentemente considerato da molti come un potenziale rivale nella corsa alla presidenza. Il sommarsi di questi due scandali sembra generare un sentimento che avvantaggia Hollande, producendo un incremento nelle intenzioni di voto, almeno in rete, verso il candidato del Partito Socialista (PS). Questi due eventi subiscono però un contraccolpo nei giorni seguenti. Una sorta di "rimbalzo tecnico" dovuto

---

[5] Con quasi 6 milioni di utenti, Twitter risulta essere il terzo social media per diffusione in Francia.

## 4.2 Il confronto tra Sarkozy e Hollande giorno per giorno

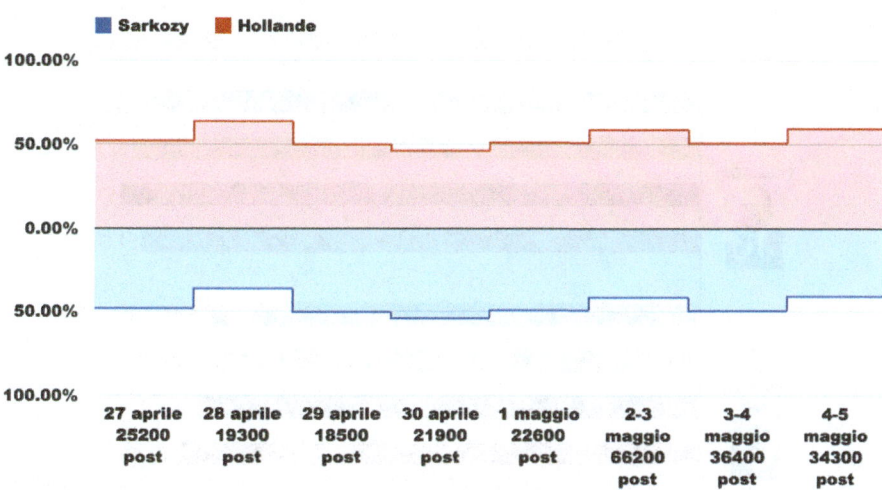

**Fig. 4.1** Andamento delle preferenze virtuali: Hollande e Sarkozy

alle contromosse dello staff di Sarkozy. Il 29 aprile fonti ufficiali del governo libico smentiscono infatti l'esistenza di fondi neri, e Sarkozy attacca i media accusandoli di aver mentito e di essere schierati con Hollande.

Anche il ritorno di DSK sul palcoscenico della campagna elettorale si rivela un'arma a doppio taglio. La sua partecipazione ad una raccolta fondi organizzata da esponenti del PS viene infatti criticata dal centrodestra, anche alla luce del coinvolgimento di DSK in una indagine per presunta violenza sessuale. La "riattivazione" di questo ricordo ha conseguenze negative rispetto alla propensione al voto per Hollande, favorendo un recupero di Sarkozy. Questo vantaggio, che sembra addirittura tale da poter ribaltare la situazione portando il leader dell'UMP in testa nelle intenzioni di voto, viene però vanificato da Sarkozy il 1 maggio, quando dichiara di voler festeggiare la festa del "vero lavoro", denigrando di fatto milioni di lavoratori-elettori che si riconoscono invece a pieno titolo nella celebrazione della festa dei lavoratori. Con i due candidati appaiati nei sondaggi, il dibattito televisivo del 2 maggio diventa quindi cruciale. L'evento è molto sentito, tanto che in quel giorno si registrano quasi 70 mila tweet, numero tre volte maggiore rispetto ai commenti postati il giorno precedente. Il dibattito si rivela un successo per Hollande, che secondo vari commentatori riesce a prevalere sul rivale [4]. Non è un caso quindi che nei commenti post-dibattito si registri una impennata delle preferenze verso Hollande. Il leader del PS accumula un vantaggio che riuscirà poi a conservare anche nei giorni successivi. Analizzando i tweet relativi all'intera settimana pre-elettorale, questi dati sembrano quindi indicare con relativa sicurezza che Hollande verrà eletto presidente. La percentuale di voti stimata attraverso Twitter è del 54,9%. Il nostro dato risulta in linea con i sondaggi, che assegnavano allo sfidante una percentuale di voti variabile tra il 52% ed il 53,5%, come si può osservare dal grafico qui riportato.

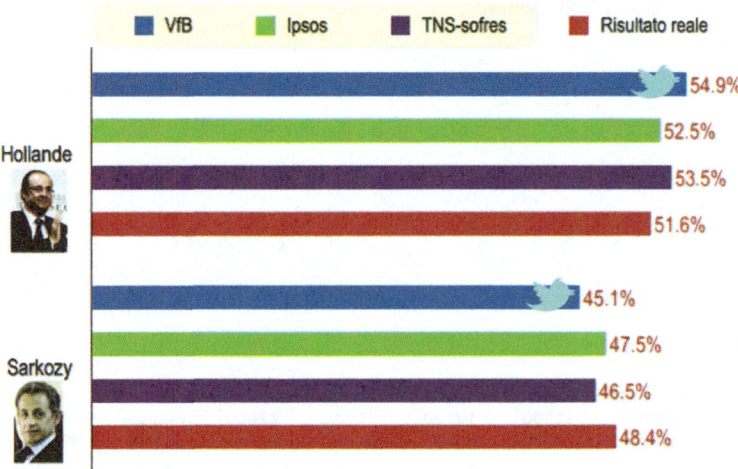

**Fig. 4.2** I risultati del secondo turno delle presidenziali francesi e i risultati previsti per i sondaggi e sulla base della analisi della rete

Hollande vincerà in effetti il ballottaggio col 51,6% dei suffragi. L'esito delle presidenziali francesi fornisce dunque una prima importante conferma a sostegno della possibilità di analizzare le preferenze espresse via Twitter per formulare previsioni elettorali corrette. Per migliorare l'accuratezza dei risultati occorre però prima di tutto capire le possibili fonti di errore che esistono on-line. In questo senso le elezioni legislative francesi, che si tennero nelle settimane successive, ci hanno fornito l'occasione per verificare le capacità predittive di *i*SA e per fare luce sulle sue possibili distorsioni.

## 4.3
### Cosa imparare dalle elezioni legislative francesi

Il primo turno delle elezioni legislative francesi si è svolto quasi un mese dopo il secondo turno delle elezioni presidenziali, il 10 giugno 2012. Per tutta una serie di ragioni, questa elezione costituisce un banco di prova più arduo per le capacità predittive della rete. Se infatti anticipare il vincitore in un confronto a due può essere un compito relativamente semplice, prevedere la percentuale di voto riportata dai partiti in un sistema multipartitico, come quello francese, è una sfida più ardua. Alle legislative si presentano infatti 7 partiti principali oltre a numerosi partiti minori. Per stimare le intenzioni di voto abbiamo analizzato quasi 80 mila tweet scaricati durante l'ultima settimana prima delle elezioni. Anche in questo caso le nostre stime si rivelano, a livello nazionale, accurate e vicine ai risultati reali. Per avere un parametro di confronto rispetto ai sondaggi possiamo utilizzare l'Errore Assoluto

## 4.3 Cosa imparare dalle elezioni legislative francesi

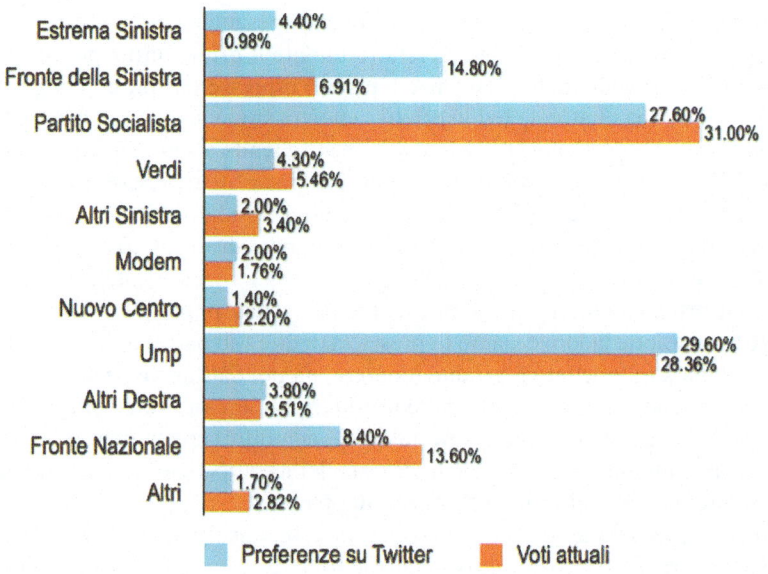

**Fig. 4.3** Preferenze su Twitter e voti reali: un confronto sulle elezioni legislative francesi

Medio (EAM), indice che viene impiegato in letteratura per misurare l'accuratezza della stima di un sondaggio, e che misura lo scostamento medio della previsione relativa a ciascun partito (o candidato) rispetto ai voti reali ottenuti da quel partito (o candidato). L'errore ottenuto attraverso *i*SA è del 2,38%, valore che non si allontana troppo dall'errore medio dei sondaggi, che varia tra 0,69% e 1,93% ed in media è del 1,23%. Come ben evidenziato nella Fig. 4.3 la nostra previsione risulta particolarmente accurata per quasi tutti i partiti, ed in particolare per l'UMP, i Verdi, i partiti centristi ed anche per il PS. Osserviamo però che i nostri dati tendono a sovrastimare le forze dell'estrema sinistra (Front de Gauche e partiti trotzkisti), mentre al tempo stesso sottostimiamo i voti del Front Nationale (FN).

Più che la (parziale) sovra-rappresentazione on-line dell'elettorato di sinistra (Best e Krueger, 2005), una possibile ragione che può contribuire a spiegare questi scostamenti sarebbe legata all'eventualità che il voto dato all'estrema destra francese (e nello specifico, al FN) sia percepito da alcuni come "socialmente non desiderabile" (Knigge, 1998). Da qui l'eventuale riluttanza a dichiarare, anche in rete, un aperto sostegno al FN (su questo punto ritorneremo approfonditamente più avanti, in merito al caso italiano). In effetti una simile logica permette di spiegare il motivo per cui anche i sondaggisti tendano spesso a sottostimare i risultati ottenuti dal FN nelle varie tornate elettorali (Jerome *et al.*, 1999; Durand *et al.*, 2004), non ultime le elezioni presidenziali del 2012 in cui Marine Le Pen ha ottenuto al primo turno percentuali di voto superiori rispetto a quelle che le venivano accreditate. Dall'altro lato dello spettro ideologico, potrebbe essere accaduto che, memore di quanto avvenne nelle elezioni presidenziali del 2002, quando i voti andati ai partiti trotzkisti impedirono al candidato socialista di accedere al secondo turno (Laver *et al.*, 2006), l'estrema sinistra sia stata, in questo caso, la parte politica più pesantemente influenzata dal voto strategico (o "voto utile") dei suoi elettori durante il primo turno, producendo così la discrasia registrata tra le preferenze (sincere) espresse on-line e i comportamenti effettivi in cabina elettorale (ed in effetti la nostra stima tende a sovrarappresentare in questo caso i partiti di estrema sinistra, mentre tende a sottostimare nel complesso quelli della sinistra moderata, tra cui proprio i socialisti).[6] Sebbene un sistema a doppio turno, come quello presente nelle elezioni legislative francesi, generi gli incentivi più forti a votare strategicamente nel secondo turno, questi ultimi sono infatti lungi dall'essere assenti anche nel primo (Cox, 1997). In modo interessante, l'incentivo ad esprimersi sinceramente on-line per poi votare in modo differente tende ad essere trascurabile laddove siamo in presenza di due soli partiti o candidati rilevanti. Da qui, la nostra aspettativa ex-ante (confermata poi dall'analisi delle presidenziali francesi appena viste, ma anche dalle presidenziali americane e dal secondo turno delle primarie del centro-sinistra in Italia: si veda oltre) che in queste occasioni relativamente più "semplici" dal punto di vista della competizione elettorale, le nostre stime e previsioni tenderanno ad essere più precise.

Questa spiegazione, se ci aiuta ad interpretare i risultati, non è però sufficiente ad evidenziare quali siano effettivamente le fonti di *"bias"* (distorsione) più rilevanti, che penalizzano la nostra stima aumentandone l'errore. Sfruttando la funzione di geo-localizzazione disponibile tramite Twitter e utilizzando i dati sulle nostre stime, misurate a livello locale, abbiamo cercato di esplorare proprio tali aspetti. Più precisamente, abbiamo analizzato le preferenze espresse in 13 diverse località francesi: Bordeaux, Djion, Le Havre, Lille, Lyon, Marseille, Montpellier, Nice, Rennes, Saint Etienne, Strasbourg, Toulouse, Toulon. Successivamente abbiamo confrontato la nostra previsione con i voti reali ottenuti dai partiti nei 46 collegi collegati a queste città e abbiamo cercato di capire quali fattori facciano crescere o diminuire l'accuratezza della nostra stima. La nostra variabile dipendente è quindi il EAM registrato in ciascun collegio.

Abbiamo testato alcune variabili esplicative in tre diversi modelli. Nel primo sono state considerate le nostre due principali variabili esplicative, ovvero il *Numero di Tweet*, che riporta il numero totale di commenti relativi alle elezioni registrati in ciascuna area e misura quindi l'ammontare di "informazione" disponibile, ed il livello di *Astensione*, ossia la percentuale di elettori che hanno preferito non recarsi alle urne, misurata a livello di collegio. Nel secondo modello abbiamo aggiunto tre variabili di controllo: innanzitutto *Le Pen*, una variabile che misura la percentuale di voti ottenuti nel collegio dal candidata dell'estrema destra durante le elezioni presidenziali (utilizziamo questa variabili per identificare le "regioni nere", ovvero quelle zone dove l'estrema destra è più forte) e *Mélenchon*, che misura, specularmente, la percentuale di voti ottenuti nel collegio dal candidato del Front de Gauche, durante le elezioni presidenziali (aiutandoci a distinguere le "regioni rosse", dove l'estrema sinistra è più votata). L'introduzione di *Le Pen* e *Mélenchon* è consigliabile data la

---

[6] Da questo punto di vista, anche l'elevata astensione (solo il 57% degli elettori si è recato alle urne) e gli eventuali differenti tassi di partecipazione tra i due elettorati (di estrema sinistra e di estrema destra) possono contribuire a spiegare le discrepanze registrate nelle stime (su questi aspetti si veda Durand *et al.*, 2004).

**Tabella 4.1** Regressione lineare dell'Errore Assoluto Medio della previsione (Errori standard robusti in parentesi *** $p < 0.01$, ** $p < 0.05$, * $p < 0.1$)

| VARIABILI | (1) | (2) | (3) |
|---|---|---|---|
| Numero di Tweet | −0.000245** | −0.000234** | −0.004339*** |
|  | (0.000102) | (0.000108) | (0.001354) |
| Astensione | 0.121490** | 0.116903* | −0.227582* |
|  | (0.054625) | (0.058571) | (0.125282) |
| Numero di Tweet X Astensione | – | – | 0.000091*** |
|  |  |  | (0.000030) |
| Le Pen | – | 0.012887 | 0.001895 |
|  |  | (0.038121) | (0.034903) |
| Mélenchon | – | −0.027611 | −0.039590 |
|  |  | (0.104928) | (0.095634) |
| Incumbent | – | −0.383584 | −0.635201 |
|  |  | (0.460141) | (0.427129) |
| Costante | 1.028943 | 1.618636 | 17.68222 |
|  | (2.506913) | (2.828653) | (5.880315) |
| Osservazioni | 46 | 46 | 46 |
| $R^2$ | 0.191 | 0.210 | 0.361 |

tendenza della nostra analisi (come mostrato dalla Fig. 4.3) a sottostimare l'estrema destra e a sovrastimare l'estrema sinistra nell'analisi della rete. Abbiamo inoltre considerato la variabile binaria *Incumbent*, che assume valore 1 quando il deputato uscente si ricandida nello stesso collegio (e 0 altrimenti). In effetti, spesso le elezioni vengono percepite come una sorta di referendum sul candidato in carica (Freeman e Bleifuss, 2006), e questo fatto potrebbe portare questi candidati a far registrare performance particolarmente positive nei sondaggi elettorali, per effetto della loro notorietà, rispetto al risultato delle urne. In modo simile, Huberty (2013) mostra come anche su Twitter i dati tendano a riprodurre delle distorsioni a vantaggio del parlamentare uscente (almeno nel contesto statunitense).

Infine, nel modello 3 abbiamo testato l'interazione tra *Numero di Tweet* e *Astensione* per verificare l'ipotesi in base a cui l'effetto di avere una maggiore informazione disponibile in merito alle preferenze espresse in rete potrebbe essere condizionale e dipendere dal fatto che tale intenzione si traduca effettivamente o meno in comportamento, ovvero che gli elettori dopo tutto si rechino davvero alle urne. La Tabella 4.1 mostra i risultati dell'analisi.

La variabile *Numero di Tweet* è sempre significativa e mostra che un aumento dell'informazione disponibile in rete migliora le capacità predittive della sentiment analysis. In particolare, dal modello 1 notiamo che un aumento di 1.000 tweet analizzati riduce l'EAM di un quarto di punto. Al contrario, la nostra previsione risulta maggiormente distorta quando l'*Astensione* cresce, ad esempio un calo della partecipazione del 10% aumenta l'errore di 1,2 punti, mentre in elezioni molto partecipate la nostra stima risulta più attendibile. Questa distorsione è dovuta probabilmente al fatto che alcuni cittadini esprimono la loro opinione on-line ma rifiutano poi di recarsi alle urne. Va considerato che l'astensione tende a produrre lo stesso effetto anche nei sondaggi elettorali, peggiorandone l'accuratezza (Crespi, 1988). Questo aspetto può risultare particolarmente importante in contesti in cui gli elettori percepiscono la loro scelta di voto come non decisiva ai fini dell'esito finale delle elezioni (ad esempio quando la competitività del sistema politico è minore) e preferiscono quindi astenersi, rifiutando di sostenere il costo di recarsi alle urne (Downs, 1957). Anche aggiungendo le nostre variabili di controllo questi due effetti rimangono tali, al contrario le tre nuove variabili nel modello 2 (*Le Pen*, *Mélenchon* e *Incumbent*) non sono significative. La nostra stima non è dunque alterata dalla maggior presenza di elettori posizionati sulle ali estreme, mentre anche la presenza di parlamentari uscenti che si ricandidano non sembra produrre alcuna distorsione sistematica.

Il modello 3 testa invece l'interazione tra l'informazione espressa in rete e l'effettiva partecipazione al voto. Come si può vedere, il coefficiente dell'interazione risulta significativo. Per capire meglio la conseguenza di ciò, nella Fig. 4.4 mostriamo l'effetto marginale della variabile *Numero di Tweet* al variare dell'*Astensione*. L'idea che avere maggiore informazione rispetto alle preferenze dei cittadini migliori la previsione sembra essere confermata, ma solo quando la partecipazione al voto è relativamente elevata (un tasso di astensione inferiore al 45%: una situazione comune nella maggior parte delle elezioni nei paesi a democrazia consolidata), ovvero quando alla dichiarazione effettuata in rete corrisponde una conseguente e coerente scelta di voto. Al contrario, quando l'astensione cresce, avere più informazione disponibile riguardo le preferenze della rete smette di migliorare l'accuratezza

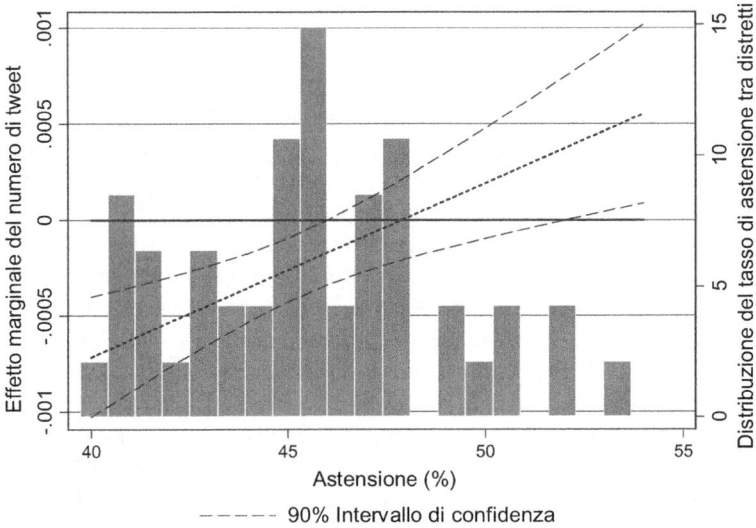

**Fig. 4.4** Effetto marginale di un aumento del Numero di Tweet al variare del livello di Astensione (stima con intervallo di confidenza del 90%)

delle nostre previsioni. In particolare, quando il tasso di astensione raggiunge livelli decisamente elevati (superiori al 55%), aumentare il *Numero di Tweet* distorce addirittura la stima, incrementando l'errore medio. In questo caso affrontiamo una sorta di *"information overload"*, un sovraccarico di informazioni: quando gli elettori si limitano a esprimere le loro idee e "votare" su Twitter anziché recarsi al seggio e inserire la scheda nell'urna, l'accuratezza della nostra stima peggiora. Questo risultato mostra chiaramente che, per analizzare i social media, è utile tenere in considerazione la relazione esistente tra i possibili diversi comportamenti che i cittadini mostrano on-line ed off-line. È solo laddove si registra un nesso diretto tra atteggiamento virtuale e comportamento reale, che diventa possibile utilizzare la rete per fare previsioni riguardo alle scelte (di voto, ma non solo) compiute dai cittadini.

## 4.4
## #USA2012: tra Obama e Romney, il vero vincitore è la Rete

Le presidenziali statunitensi hanno offerto una ulteriore occasione per testare la tecnica, in una elezione che, per la sua importanza, è stata sotto l'occhio dei riflettori non solo negli Stati Uniti ma in tutto il mondo. In queste elezioni presidenziali i veri protagonisti, assieme ai due candidati principali, Obama o Romney, (e secondo alcuni addirittura più di loro) sono stati i social media. Da questo punto di vista, e in modo ancor più marcato rispetto al caso appena visto delle elezioni francesi, i social media sono stati infatti fondamentali durante tutta la campagna elettorale: sia per promuovere, *dall'alto*, le idee di un candidato, sia per esprimere, *dal basso*, le preferenze di chi ci scriveva: attivisti, ma anche comuni cittadini che volevano criticare, sostenere, o semplicemente dire la loro. Il risultato finale è stata la costruzione di una enorme ed ininterrotta agorà virtuale che è durata quanto la campagna elettorale. Ma i social media sono stati cruciali anche dal punto di vista logistico: se un tempo toccava spesso alla macchina organizzativa dei partiti portare fisicamente ai seggi i propri elettori, organizzando veri e propri torpedoni elettorali, nelle elezioni 2012 tale servizio è stato in parte "appaltato" ai messaggi su Twitter, che sono serviti per ricordare ai cittadini americani di registrarsi nelle liste elettorali, o per spiegare loro dove e come votare. Fino all'ultimo minuto, fino a quei messaggi twittati in Virginia a urne già aperte, in cui gli attivisti democratici invitavano gli elettori a recarsi ai seggi e restare in fila per poter esercitare il loro diritto di voto [5].

Dall'uragano Sandy alle accuse di "parassitismo" rivolte da Romney al 47% degli americani, dallo scandalo Benghazi passando per i commenti sui dibattiti televisivi tra i due candidati, l'intera campagna elettorale ha avuto dunque una sua eco virtuale, on-line. La rete ne ha scandito, giorno dopo giorno, l'andamento, in un costante e continuo botta e risposta tra i sostenitori dell'uno e dell'altro. I numeri in questo senso parlano chiaro. Si contano a milioni i *cinguettii* raccolti su Twitter nelle ultime settimane prima delle elezioni, con punte di 10 milioni postati durante le ore del primo dibattito televisivo tra Obama e Romney. Di fronte ad una massa così grande di informazioni, concetti come campionamento della popolazione possono anche diventare secondari. Non c'è nessuna popolazione da rappresentare, ma al contrario c'è una intera comunità (virtuale) da ascoltare e da analizzare, per capire e per raccontare l'andamento della battaglia elettorale, ma anche per farsi una idea dell'umore della rete verso i due candidati. Anche perché questo umore, ancora una volta, come avremo modo di vedere, si è rilevato molto accurato nel prevedere il risultato finale.

### 4.4.1
### #Bayonets and Horses: l'andamento della campagna a colpi di tweet

Dal 28 settembre 2012 al 6 novembre, giorno delle elezioni, abbiamo analizzato quasi 50 milioni di tweet postati in tutti gli stati americani, dall'Alabama al Wyoming. Applicando a questi dati la tecnica *i*SA, abbiamo potuto anche in questo caso monitorare, giorno per giorno, l'andamento delle preferenze verso i candidati maggiori (non solo Obama e Romney, ma anche il libertario Gary Johnson e la verde Jill Stein) nonché la quota di elettori incerti. Ciascun dato giornaliero è stato calcolato come una media mobile delle rilevazioni effettuate negli ultimi 7 giorni (utilizzare un periodo temporale più breve, ad esempio 3 giorni, non altera la sostanza dei nostri risultati).

In rete la sfida è stata molto più combattuta di quello che i risultati finali raccontano e di quello che si poteva all'inizio supporre. Dopotutto, nel 2008 uno dei segreti della vittoria schiacciante di Obama fu proprio la capacità di usare per primo i *new media*, da Facebook agli altri canali social. Inoltre, all'inizio della campagna elettorale il profilo Twitter di Barack Obama (`@BarackObama`) contava circa 16 milioni di follower, mentre quello di Mitt Romney (`@MittRomney`) era fermo a meno di 1, lasciando presagire, come già indicato nel Cap. 2, un possibile enorme divario in rete nelle preferenze verso i due candidati. A conti fatti si è verificato, in realtà, qualcosa di molto diverso, a conferma del fatto che limitarsi a contare il numero di "amici" su Facebook o di follower su Twitter è fuorviante e non aiuta a prevedere il risultato finale. Anche perché l'evidenza empirica mostra che gli utenti dei social media che tendono a seguire in rete un personaggio pubblico si dividono normalmente, con proporzioni che di volta in volta possono mutare, tra chi lo segue perché è d'accordo con le sue idee e chi invece lo fa proprio perché in aperto contrasto con queste ultime (Pamell e Bichard, 2011). Questo aspetto inficia inevitabilmente la bontà di tale misurazione come potenziale indicatore di "performance elettorale".

In rete non c'è stata dunque una schiacciante prevalenza dei sostenitori democratici, al contrario, Obama e Romney si sono alternati alla guida degli indici di gradimento on-line stimati sulla base di *i*SA, dividendosi quasi equamente la *pole position* delle preferenze virtuali. Nei quaranta giorni analizzati troviamo Obama in testa 21 volte, contro le 19 di Romney. Una storia in qualche modo simile a quella raccontata dai sondaggi tradizionali, che ci hanno mostrato una opinione pubblica americana spaccata quasi a metà, e molto volubile. Tutto questo, all'eccesso, lo troviamo anche nell'opinione pubblica virtuale: una opinione che ha reagito in modo veemente alle sollecitazioni e agli accadimenti della campagna elettorale, producendo una continua variazione nel consenso espresso a favore dei due leader, a seconda delle strategie attuate, degli autogol commessi, o di altri fattori di cui un candidato riusciva ad appro-

## 4.4 #USA2012: tra Obama e Romney, il vero vincitore è la Rete

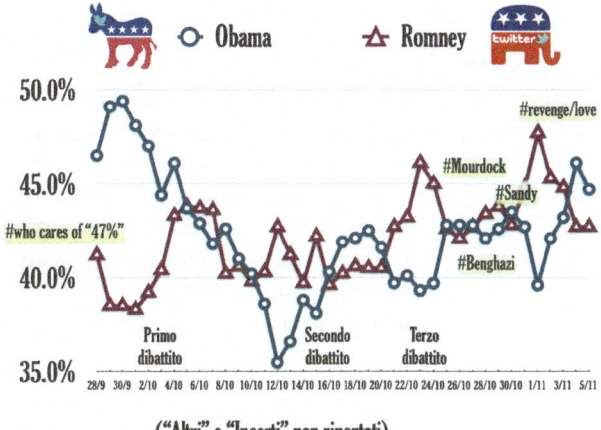

**Fig. 4.5** Andamento delle preferenze virtuali: Obama e Romney

fittare, a scapito del rivale (è il caso, solo per fare un esempio, dell'uragano Sandy). Insomma, una gara senza esclusioni di colpi e di soprese, affascinante come un film.

La (netta) vittoria di Obama nell'urna elettorale è stata ottenuta soprattutto grazie ad un poderoso rush finale. Questo è di per sé sorprendente se consideriamo il vantaggio di cui il presidente uscente godeva all'inizio di settembre, vantaggio che era evidente in tutti i sondaggi e che è durato sino a fine mese anche secondo le rilevazioni delle preferenze espresse on-line (Fig. 4.5).

Sull'onda della Convention Democratica e delle gaffe di Romney, sapientemente evidenziate dagli spot televisivi commissionati dai democratici, il consenso di Obama in rete sfiora il 50%. Il video in cui Romney attacca il 47% degli americani, bollandoli sostanzialmente come parassiti dello stato assistenzialista, diventa virale e spopola anche attraverso Twitter. Di fronte ad una figuraccia di tale portata sono piuttosto pochi quelli che se la sentono di dichiararsi pubblicamente elettori di Romney. Ma quella che sembra una campagna elettorale noiosa e scontata, diventa in breve tempo incerta. Fin dai primissimi giorni di ottobre in rete inizia a svilupparsi un trend diverso rispetto a quello fino a quel momento registrato dalle interviste telefoniche. Il sostegno ad Obama inizia ad affievolirsi mentre i sostenitori di Romney, ringalluzziti, iniziano a twittare sempre più decisi dando vita ad una parziale risalita nelle preferenze espresse in rete del loro candidato. In questi giorni sono d'altra parte i temi economici quelli più commentati su Twitter, dalle tasse, al deficit, ai costi della riforma sanitaria (si veda la Tabella 4.2). Gli americani si scatenano a colpi di tweet e Romney, di fronte ad una situazione economica tutt'altro che positiva e con la disoccupazione che raggiunge livelli preoccupanti, si trova in una situazione di vantaggio.

A fare però *davvero* la differenza è il primo atteso dibattito televisivo tra i due contendenti, il 3 ottobre a Denver. In questa occasione, in cui i temi prevalenti sono proprio quelli legati all'andamento dell'economia, Obama appare impacciato,

**Tabella 4.2** Principali tematiche discusse in rete durante la campagna elettorale americana

| Periodo | Principali tematiche |
|---|---|
| dal 28 settembre al 7 ottobre | economia (lavoro e tasse); stato sociale (Obamacare e welfare) |
| dall'8 ottobre al 13 ottobre | economia (lavoro e tasse); diritti civili (questione di genere, immigrazione, libertà sessuale) |
| dal 14 ottobre al 28 ottobre | economia (lavoro e tasse); diritti civili (questione di genere, immigrazione, libertà sessuale); esteri (Benghazi) |
| dal 29 ottobre al 2 novembre | diritti civili (questione di genere, immigrazione, libertà sessuale); energia e ambiente |
| ultimi giorni | generici appelli al voto |

sempre sulla difensiva ed incapace di rispondere a Romney che lo incalza continuamente. Lo sketch di fine agosto – la sedia vuota di Clint Eastwood, in cui il grande attore e regista americano immaginava di discutere con un invisibile Barack Obama alla Convention repubblicana – sembra all'improvviso quanto mai profetico, tanto che secondo molti il primo dibattito rispecchia quello sketch, con Mitt Romney ad attaccare e Barack Obama quasi assente. Il giudizio della rete su questo dibattito è univoco. Il 70,5% sostiene che Romney è emerso come il vero vincitore, mentre solo il 29,5% assegna a Obama la vittoria [6]. Questo dato contribuisce a rafforzare quella inversione dei rapporti di forza che si stava, come detto, già materializzando tra gli americani e che viene catturato dall'analisi della rete immediatamente, a differenza di quello che avviene nei sondaggi, dove questo dato emerge solo diversi giorni dopo il dibattito televisivo. Ad ulteriore conferma dell'abilità che una analisi sui social media ha di evidenziare cambiamenti improvvisi nel dipanarsi di una campagna elettorale. In rete il trend pro-Romney si consolida e per la prima volta dopo quasi una settimana dal primo dibattito anche i sondaggi tradizionali iniziano a mostrare segnali di recupero del candidato repubblicano. Nel dibattito Romney si rivolge soprattutto ai moderati e agli incerti ("*Romney is owning this debate. He is living in that area right of center*" o ancora "*Wow, Not a Mitt fan, but i'm finding a LOT i agree with in his debate*") ed è proprio il sostegno degli indipendenti che lo terrà in corsa per la presidenza, almeno fino al 6 novembre. Il primo dibattito è cruciale proprio per questo: perché accredita Romney, agli occhi di tutti, come un leader autorevole, un potenziale presidente degli Stati Uniti, e non più un semplice *gaffeur*.

Dopo questa impennata il consenso di Romney in rete si stabilizza tra il 40 ed il 45%, mentre continua il trend negativo di Obama che non viene tamponato né dal dibattito tra i vice-presidenti, chiuso con un sostanziale pareggio, né dall'emergere dei temi post-materialisti (questione di genere, immigrazione e libertà sessuali), che avrebbero dovuto permettere ad Obama, almeno in linea teorica, di mobilitare il sostegno delle minoranze esponendo Romney a possibili autogol.

L'emorragia di consensi si arresta solamente dopo il secondo dibattito, che rappresenta un altro punto di svolta della campagna elettorale. Qui Obama cambia radicalmente strategia. Dopo la secca sconfitta rimediata nel primo confronto, Obama reagisce: non si pone più come il presidente moderato, super-partes che parla a tutto il paese cercando di ricomporre i contrasti, ma indossa i panni del gladiatore. Alla Hofstra University di New York il protagonista del dibattito è, ancora una volta, l'economia: *deficit* e *middle class* sono tra le parole più citate in rete, così come il giudizio retrospettivo sui risultati ottenuti dalla politica economica di Obama. Ma stavolta si parla anche di temi sociali (donne e immigrazione), sui quali Obama va al contrattacco, tanto che concetti quali *women*, *black* e *immigration* compaiono in moltissimi tweet. Questa aggressività premia il presidente uscente, che ottiene una maggioranza (53,1%) di commenti positivi tra gli utenti di Twitter [7]. L'effetto di questo confronto tv è quello di ridare fiato a Obama che recupera e torna in vantaggio.

Ma è un recupero temporaneo, perché pochi giorni dopo rimbalzano on-line le dichiarazioni di alcuni generali dell'esercito statunitense che accusano Obama di avere avuto responsabilità dirette nella cattiva gestione del caso Benghazi, non avendo agito a sufficienza per impedire l'omicidio dell'ambasciatore Usa, nonostante le informazioni in suo possesso. Per la rete queste indiscrezioni sono gravi: Obama viene accusato di aver mentito al paese (proprio lui che aveva lanciato poco prima lo slogan: "*This election is about trust*") e di non essere adatto al ruolo di presidente perché venuto meno alla regola non scritta (ma ineludibile, per il popolo americano) secondo cui nessun americano all'estero deve essere abbandonato a se stesso. E così tra il 23 ed il 28 di ottobre, l'hashtag `#benghazi` diventa uno dei più utilizzati on-line, vanificando di fatto il terzo dibattito, tutto incentrato sulla politica estera e vinto anche stavolta da Obama. Il terzo dibattito in realtà può essere considerato quasi una riproposizione del primo, a parti invertite. Troviamo infatti Obama all'attacco, forte del suo ruolo di "comandante in capo" e dell'uccisione di Osama Bin Laden che avrebbe reso gli Stati Uniti più forti e sicuri (`#strongerwithobama` è uno degli hashtag più usati durante il dibattito). L'esperienza di Obama in materia di politica estera è preponderante, e tutti gli spin-doctor riconoscono unanimi che su questo tema Romney non può competere con Obama. Anche per questo il candidato repubblicano resta sulla difensiva e si limita a dichiararsi d'accordo col presidente, praticamente su tutto. Obama stravince il dibattito, con il 60,3% di preferenze contro il 39,7% di utenti che invece ha preferito Romney [8], e fa il giro del mondo l'hashtag `#bayonetsandhorses`, in riferimento alla risposta, ironica, data da Obama, all'accusa, mossagli da Romney, di aver ridotto le spese militari per la marina.

Obama sale quindi in cattedra e raccoglie consensi, ma questo non basta: la politica estera non appassiona troppo gli americani, o almeno non è il fattore cruciale che determina il loro voto, rispetto ai temi legati alla politica interna. E così Romney continua a precedere Obama, non solo nel sentimento sulla rete (45% Romney, 40% Obama), ma anche nei diversi sondaggi elettorali effettuati in quei giorni. L'effetto Benghazi spinge dunque Romney verso l'alto, ma questa crescita viene interrotta da una clamorosa gaffe di Richard Mourdock, esponente del Tea Party e candidato repubblicano al Senato dell'Indiana, che in una dichiarazione si dice contrario per motivi religiosi all'aborto anche in caso di stupro, perché persino in quella nascita si celerebbe la volontà di Dio. Questa frase rimbalza massicciamente su Twitter, esattamente come accaduto in precedenza con l'*affaire* Beghazi, e danneggia in modo drammatico il sostegno verso Romney, reo di essere il candidato di un partito che, a torto o a ragione, viene percepito come intransigente in tema di diritti civili e troppo vicino ai gruppi oltranzisti cristiani. L'effetto di quesa gaffe dunque è così forte da far tornare i due candidati di nuovo in parità.

E se Romney riesce a risalire sulla scia di nuove rivelazioni in merito ancora una volta al *Benghazi-gate*, Obama si difende anche grazie all'uragano Sandy. Indossando una divisa militare, Obama annulla tutti gli impegni elettorali per visitare le zone più colpite dall'uragano. Si tratta di stati, Connecticut e New Jersey, che sono di fatto già saldamente in mano ai democratici, quindi la mossa di Obama non viene interpretata come meramente elettoralistica. Il presidente si mostra ancora in sella, pronto a guidare il paese, l'uragano lo rafforza, ne esalta le doti di leader "inclusivo", e gli porta il sostegno di molti esponenti vicini ai repubblicani: il governatore del New Jersey, Chris Christie, ma anche il sindaco di New York, Bloomberg, riconoscono a Obama di aver compiuto uno sforzo straordinario per sostenere le vittime della tempesta. Sforzo che si traduce inevitabilmente in un guadagno elettorale, anche considerando che il suo rivale, Romney, aveva sostenuto in passato la necessità di tagliare i fondi alla protezione civile.

Negli ultimi giorni di campagna elettorale si smette sostanzialmente di parlare di politica. I comizi sono tutti a base di slogan, e lo stesso, inevitabilmente, accade anche alla rete. Per rispondere a Obama che chiede `#fourmoreyears`, Romney in un incontro pubblico svoltosi in Virginia lancia lo slogan `#fivemoredays`, che diventa subito un hashtag di successo, in grado di esaltare la platea repubblicana rafforzando il sostegno verso Romney. Obama reagisce e gli contrappone `#revenge`, slogan pronunciato alla vigilia del voto per mobilitare il suo elettorato.

Il divario tra i due leader, fin a quel momento relativamente contenuto, inizia ad allargarsi. Il sentimento della rete mostra un Obama che prende il largo nelle ultime ore della campagna, e anche a seggi aperti, grazie agli attivisti che continuano a twittare `#stayinline` agli elettori della Virginia, della Florida e dell'Ohio. E quegli inviti, lanciati via Twitter, potrebbero davvero essere stati decisivi perché, come è accaduto anche in passato, le elezioni presidenziali negli Usa vengono spesso decise da poche migliaia di elettori negli stati in bilico. Proprio in questi stati l'umore della rete può rivelarsi particolarmente utile per capire dove "tira il vento", chi è in vantaggio e chi è in recupero. Con milioni di elettori che dichiarano on-line la loro scelta di voto, i social media finiscono per essere la nuova frontiera delle previsioni elettorali, e queste elezioni presidenziali ne producono una confortante prova.

### 4.4.2
*Too close to call?* **Forse, ma non per Twitter**

Anche nel caso americano infatti, esattamente come nel caso francese, le previsioni fatte usando Twitter si sono rivelate in linea con i principali sondaggi e con i risultati reali, riuscendo a prevedere con accuratezza anche le scelte di voto degli americani nei tre maggiori stati in bilico: Florida, Ohio e Virginia. Nella Tabella 4.3 confrontiamo il gap tra Obama e Romney nei voti reali (V) con quello previsto in base alle analisi realizzate tramite Twitter (T), e con il gap che era emerso,

## 4.4 #USA2012: tra Obama e Romney, il vero vincitore è la Rete

**Tabella 4.3** Risultato effettivo (V), previsioni analizzando Twitter (T) e sondaggi elettorali (R)

| Stato | Gap (T) | Gap (R) | Gap (V) | Differenza \|T-V\| | Differenza \|R-V\| | Stima migliore sul vincitore |
|---|---|---|---|---|---|---|
| Voto popolare | Obama +3.5 | Obama +0.7 | Obama +3.9 | 0.4 | 3.2 | T |
| Florida | Obama +6.1 | Romney +1.5 | Obama +0.9 | 5.2 | 2.4 | T |
| Ohio | Obama +2.9 | Obama +2.9 | Obama +3 | 0.1 | 0.1 | = |
| Virginia | Obama +3.5 | Obama +0.3 | Obama +3.9 | 0.4 | 3.7 | T |
| Colorado | Romney +1.3 | Obama +1.5 | Obama +5.4 | 6.7 | 3.9 | R |
| Iowa | Obama +4.8 | Obama +2.4 | Obama +5.8 | 1 | 3.4 | T |
| Nevada | Obama +3.3 | Obama +2.8 | Obama +6.7 | 3.4 | 3.9 | T |
| New Hampshire | Obama +3.8 | Obama +2.0 | Obama +5.6 | 1.8 | 3.6 | T |
| North Carolina | Romney +3.0 | Romney +3.0 | Romney +2.0 | 1 | 1 | = |
| Michigan | Obama +5.5 | Obama +4.0 | Obama +9.5 | 4 | 5.5 | T |
| Pennsylvania | Romney +2.5 | Obama +3.8 | Obama +5.4 | 7.9 | 1.6 | R |
| Wisconsin | Obama +7.4 | Obama +4.2 | Obama +6.9 | 0.5 | 2.7 | T |

in media, nei tradizionali sondaggi d'opinione, dato quest'ultimo ripreso dal sito web Realclearpolitics.com (R), sito molto utilizzato dagli esperti di politica americana.

I valori dell'analisi su Twitter sono formulati come una media delle preferenze espresse in un arco temporale di 7 giorni. In modo analogo, il dato di *Realclearpolitics* calcola la media delle intenzioni di voto espresse in favore dei due candidati, prendendo in considerazione i sondaggi pubblicati nell'arco di una settimana. Il confronto è stato fatto - oltre che sul voto popolare - sugli 11 *swing states*, ovvero sugli stati considerati in bilico, quelli che determinano la differenza tra la vittoria e la sconfitta a livello nazionale. Nel caso di queste ultime previsioni, l'analisi su Twitter è stata ovviamente effettuata sui soli messaggi geo-localizzati in ciascuno stato.[7]

La Tabella 4.3 fornisce anche la differenza assoluta tra il gap previsto analizzando la rete ed il gap nei voti reali (colonna 5) e, analogamente, tra i dati dei sondaggi e i voti reali (colonna 6). Infine, evidenziamo (nella colonna 7) quale delle due stime (T o R) sia riuscita a prevedere l'esito delle elezioni con la maggiore accuratezza. Per stabilirlo abbiamo utilizzato due criteri: prima di tutto abbiamo osservato quale pronostico avesse predetto correttamente il vincitore, e in caso di parità abbiamo "premiato" la stima che più si fosse avvicinata al vero gap tra i due contendenti.

Andiamo con ordine e partiamo proprio dal voto popolare, che è stato monitorato giorno dopo giorno fin da settembre. Qui la previsione basata sui social media ha prodotto un dato più accurato rispetto alla media dei sondaggi. Il distacco reale tra Obama e Romney è stato del 3,9% mentre la nostra previsione indicava un margine del 3,5% rispetto ad una media dei sondaggi elettorali che pronosticava un margine

---

[7] Occorre ricordare che i messaggi geolocalizzati rappresentano solo una proporzione del numero complessivo di tweet pubblicati ogni giorno su Twitter (si veda la discussione a riguardo nel Cap. 1).

talmente piccolo a favore di Obama (+0,7%) da portare diversi esperti a sostenere che le elezioni erano "*too close to call*".[8]

In generale, il margine d'errore prodotto da *i*SA è contenuto. In cinque *swing states*, oltre che, come abbiamo visto, nel voto popolare, la differenza tra voti reali e l'analisi della rete rimane entro l'1% mentre solo in due casi su dodici i sondaggi riescono a contenere l'errore entro tale margine. Più in generale, nelle rilevazioni effettuate, il nostro errore medio è stato del 2,7%, valore sostanzialmente analogo a quello dei sondaggi elettorali (2,9%). Ma se andiamo più nel dettaglio, possiamo osservare che nella grande maggioranza dei casi i pronostici effettuati usando Twitter sono stati i più accurati. In 9 *swing states* su 11 l'uso di Twitter ha correttamente predetto il vincitore, sbagliando solamente in Colorado e Pennsylvania. E proprio questi due stati sono gli unici in cui le stime dei sondaggi sono state migliori delle nostre. In tutti gli altri casi il pronostico più vicino al risultato vero è stato quello che emerge usando il metodo *i*SA. Questo è accaduto in 7 stati: Florida, Virginia, Iowa, Nevada, New Hampshire, Michigan, Wisconsin, oltre che a livello federale. Infine, in Ohio e North Carolina, l'analisi su Twitter è risultata perfettamente in linea con le rilevazioni dei sondaggi e, a loro volta, coi dati reali.

I casi più interessanti sono sicuramente quelli relativi ai tre stati più in bilico e che veniva ritenuti decisivi per assegnare la presidenza a Obama o Romney: Florida, Ohio e Virginia. Come abbiamo detto, in Ohio sia i sondaggi che Twitter hanno formulato previsioni molto valide. In Virginia entrambe le fonti davano Obama in testa, ma stando ai sondaggi questo margine era irrisorio, tanto che gli analisti consideravano la Virginia come uno stato "*toss up*" con i due candidati perfettamente alla pari. Alla vigilia del voto, Twitter, sulla base della nostra analisi, assegnava invece ad Obama un vantaggio netto, pari a 3,5 punti. Questa previsione si è rivelata particolarmente precisa, visto che il distacco finale è stato quasi identico (3,9%). Il caso della Virginia è, per diverse ragioni, emblematico. Durante la notte elettorale è stato addirittura sospeso lo scrutinio per permettere agli elettori che ancora erano in fila ai seggi di completare le operazioni di voto senza ricevere indebite indicazioni in merito ai risultati delle schede scrutinate. È dunque solo un caso che in queste condizioni, in uno scenario molto mutevole e incerto fino all'ultimo, la rilevazione del sentimento espresso in rete sia stato decisamente migliore rispetto ai sondaggi telefonici? Probabilmente no. Quello che l'analisi della rete permette di fare in queste situazioni è infatti cogliere i trend, osservare quello che sta succedendo negli ultimi cruciali istanti, e capire quale candidato ha il vento a suo favore nell'attimo decisivo. Quello che abbiamo osservato accadere in Virginia è stato uno sforzo massiccio effettuato dagli attivisti democratici proprio negli ultimi giorni e nelle ultime ore della contesa, in cui si è andato sviluppando il passaparola tra gli elettori per mobilitarsi e recarsi alle urne a sostenere Obama. In un certo senso le previsioni via Twitter sono state quindi una sorta di exit-poll in tempo reale.

Qualcosa di simile è successo anche in Florida. Qui i sondaggi attribuivano in media un margine abbastanza netto a favore di Romney, e i primi exit-poll sembravano

---

[8] Si veda ad esempio l'intervista fatta a Andrew Gelman, direttore dell'Applied Statistics Center della Columbia University: [9].

ancora più drastici indicando un rapporto di 52–48 a favore del candidato repubblicano. Il sentimento della rete viaggiava invece ostinatamente in direzione contraria già da diversi giorni assegnando a Obama un vantaggio di alcuni punti. Lo scarto tra i due alla fine è stato molto ridotto, di poco inferiore all'1% in favore di Obama. Ma quello che più conta è che anche in questo caso la rete ha espresso un sentimento in linea con quello della popolazione off-line. La mobilitazione dei democratici ha peraltro amplificato la percezione pro-Obama: un ruolo decisivo sembra essere stato giocato dall'elettorato ispanico, irritato dai regolamenti varati dal governatore della Florida che ha aumentato le complicazioni burocratiche creando ostacoli a chi volesse recarsi alle urne. Nonostante questo la partecipazione al voto degli elettori *latinos* è risultata, alla prova dei fatti, in crescita anche in Florida, dove il 17% degli elettori che ha votato il 6 novembre erano ispanici, contro il 15% delle elezioni 2008. Una accresciuta partecipazione che ben difficilmente poteva essere ritratta dai sondaggi, è così in effetti è stato.

Al di là del confronto con i sondaggi d'opinione, il caso americano è anche interessante perché fornisce uno spaccato di come diverse tecniche di sentiment analsysis possano produrre risultati diversi (come vedremo anche nel paragrafo successivo). In vista delle presidenziali, Topsy e Twitter avevano infatti prodotto 'Twindex' [10], un indice del sentiment politico nei confronti dei due principali candidati. Questo indice analizzava un campione di tweet e misurava, attraverso dizionari ontologici, la percentuale di commenti positivi sul totale dei tweet positi e negativi. Twindex è stato però decisamente meno accurato rispetto a *iSA* nel prevedere l'esito delle elezioni. Il giorno prima del voto infatti Twindex assegnava ad Obama un vantaggio di 15 punti, in termini di sentiment positivo, rispetto a Romney. Nel corso della campagna inoltre Obama è stato quasi sempre in testa in base a Twindex con un vantaggio medio di circa 6 punti, mentre *iSA* mostrava, coerentemente con quanto registrato anche dai sondaggi demoscopici, un costante avvicendamento in testa tra Obama e Romney.[9] Questo spaccato sembra dunque suggerire che l'analisi dei social media può aiutare a prevedere l'esito finale del voto, ma molto dipende dalla tecnica utilizzata. Limitarsi a dizionari ontologici e pesare anche i riferimenti negativi ai candidati sembra non essere la strada ottimale per massimizzare l'accuratezza delle previsioni, che può essere invece raggiunta, come il caso americano dimostra, con tecniche più sofisticate in grado di interpretare il linguaggio e la sua evoluzione nel corso della campagna.

---

[9] In un altro studio, Choy *et al.* (2012) hanno cercato di prevedere prima del giorno delle elezioni, così come fatto nell'analisi descritta in questo capitolo, l'esito delle presidenziali statunitensi sia stimando il voto popolare che i risultati nei singoli stati attraverso l'utilizzo di dizionari ontologici. L'analisi ha fatto ricorso a due diversi modelli. Nel primo è stata effettuata una tradizionale analisi del sentiment considerando tutta la popolazione di tweet, mentre nel secondo questi risultati sono stati pesati in relazione alle pre-esistenti affiliazioni partitiche registrate a livello censuario per tenere conto delle possibili differenze tra gli utenti di Twitter e l'elettorato nel suo complesso. Entrambe le analisi si sono rivelate affidabili e vicine sia alle stime dei sondaggi che ai dati reali. Tuttavia sia rispetto al dato nazionale che in quello degli 11 stati in bilico sempre riportati nella Tabella 4.3, la stima *iSA* si conferma come quella più accurata.

## 4.5
#CSXFactor e le primarie del centrosinistra

I precedenti esempi sembrano aprire interessanti scenari relativi alla possibilità di prevedere l'esito delle elezioni attraverso Twitter. Le elezioni primarie del centrosinistra in Italia, svoltesi nell'inverno 2012, hanno offerto un'ulteriore occasione per mettere alla prova questo strumento, peraltro su un terreno particolarmente difficile e complicato per qualunque esercizio previsionale. Le primarie di partito sono infatti elezioni in cui generalmente partecipa soprattutto l'elettorato politicamente più coinvolto e in cui la scelta degli elettori è particolarmente onerosa per via del numero di contendenti, solitamente elevato, e per il fatto che questi non abbiano differenze ideologiche marcate tra di loro, al contrario di quanto si verifica, in certe condizioni, nelle elezioni politiche (AAPOR, 2009; Jensen e Anstead, 2013).

In vista delle elezioni politiche la coalizione di centrosinistra "Italia Bene Comune", composta da Partito Democratico (PD), Sinistra Ecologia e Libertà (SEL) e Partito Socialista Italiano (PSI), ha deciso di scegliere il candidato premier attraverso primarie di coalizione, selezionandolo quindi in base al voto dei simpatizzanti e dell'elettorato di riferimento. Le primarie, che prevedevano il meccanismo del doppio turno nel caso in cui nessun leader avesse superato il 50% dei voti già al primo scrutinio, si sono svolte nell'inverno 2012. Il primo turno si è tenuto il 25 novembre mentre il ballottaggio tra i due candidati più votati è stato effettuato a due settimane di distanza, il 2 dicembre. In cinque hanno presentato la propria candidatura. Pierluigi Bersani, segretario del PD, Matteo Renzi, sindaco di Firenze anche lui appartenente al PD, Nichi Vendola, segretario di SEL, Laura Puppato, capogruppo del Partito Democratico nel consiglio regionale del Veneto e Bruno Tabacci, assessore al bilancio di Milano, quest'ultimo sostenuto da Alleanza per l'Italia (ApI) partito che non era parte integrante della coalizione. Attraverso l'applicazione di *iSA* abbiamo cercato di misurare le intenzioni di voto per predire l'esito sia del primo turno che del ballottaggio, analizzando complessivamente oltre 600 mila tweet in un periodo compreso tra il 6 ottobre ed il 2 dicembre 2012. La prima rilevazione è stata effettuata all'inizio di ottobre, prima che PD, SEL e PSI firmassero l'accordo di coalizione, e in un momento in cui i candidati non erano ancora stati ufficializzati e la campagna elettorale non aveva ancora preso il via. In quella circostanza sono state misurate non solo le intenzioni di voto verso i potenziali candidati, ma anche le aspettative della rete in merito al possibile vincitore, informazione che viene spesso considerata molto utile per prevedere l'esito delle elezioni.[10] In effetti già all'inizio di ottobre la rete pronosticava una vittoria di Bersani, data per certa dal 55,5% dei commenti (Fig. 4.6).

Accanto alle aspettative, l'altro dato interessante riguarda l'andamento delle preferenze. Determinare le intenzioni di voto per le elezioni primarie ha rappresentato in effetti una sfida stimolante, anche e soprattutto nel confronto coi sondaggi. In Italia le primarie non sono ufficialmente riconosciute a livello legale e non esiste un

---

[10] A questo riguardo, è interessante notare come Rothschild e Wolfers (2012) sottolineino come il modo migliore per prevedere il risultato finale di una elezione sia spesso focalizzarsi proprio sulle aspettative degli elettori relative a chi vincerà, piuttosto che sulle loro intenzioni di voto.

**Fig. 4.6** Aspettative sull'esito delle elezioni primarie

registro degli iscritti al voto. Non c'è quindi una popolazione ben definita di elettori, e non è per questo possibile effettuare un campionamento di tale popolazione. Questo aspetto dunque rende più difficile sondare le intenzioni di voto utilizzando gli strumenti tradizionali. Ma il fatto che l'elettorato sia costituito da una quota 'auto-selezionatasi' dall'intera popolazione italiana rappresenta una sfida anche per le tecniche di sentiment analysis. A differenza di elezioni politiche nazionali, in questo caso bisogna riuscire ad identificare gli elettori che appartengono ad una determinata area politica e che intendono recarsi a votare. Bisogna quindi riuscire a distinguere l'informazione dal 'rumore' di fondo, differenziare l'opinione verso un candidato o anche la stessa propensione a votarlo rispetto alla concreta intenzione di farlo. Quello delle primarie rappresenta in questo senso davvero un 'caso di scuola', dal momento che se Bersani raccoglieva il sostegno dell'apparato del PD e dei suoi militanti più attivi, Renzi raccoglieva simpatie che andavano oltre l'arco della coalizione di centrosinistra, tanto da attrarre molti elettori di centrodestra che si erano dichiarati disposti a votarlo durante le primarie, o a prendere in considerazione il voto al PD nel caso in cui Renzi fosse stato nominato candidato premier.

A causa di questo fenomeno, se ci fossimo limitati a conteggiare i riferimenti verso Renzi e Bersani o se avessimo misurato il sentiment attraverso i classici dizionari ontologici avremmo riscontrato che in rete entrambi i candidati godevano della stessa percentuale di giudizi positivi, ma che lo sfidante, Renzi, risultava più "popolare" essendo nominato in molte più conversazioni rispetto a Bersani, sia nel primo che nel secondo turno [11]. Tale risultato era dovuto, da un lato, alla sovraesposizione mediatica di Renzi, e dall'altro al sostegno che gli derivava dagli elettori di centrodestra. Come più volte discusso, il numero di "menzioni", di per sé, riflette semplicemente una misura di notorietà di un personaggio o di un partito, dato che un loro elevato numero potrebbe in realtà nascondere un sentimento negativo verso

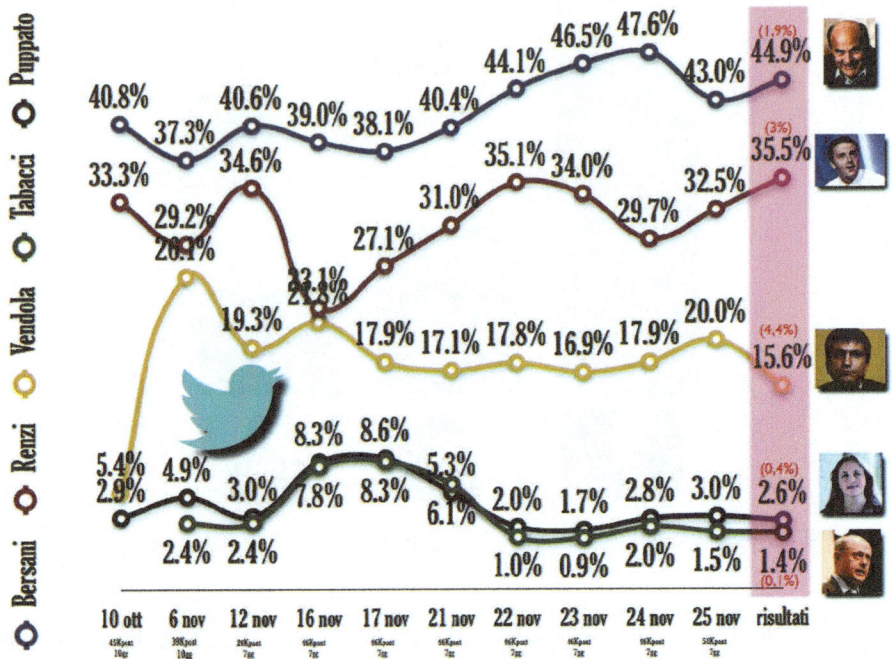

**Fig. 4.7** Previsione delle intenzioni di voto nei confronti dei cinque candidati confrontate coi risultati reali

quello stesso personaggio. D'altro canto anche la semplice sentiment analysis tramite dizionari ontologici può cogliere un sentimento positivo che però non esprime necessariamente né si traduce in un'intenzione di voto. Utilizzando il metodo *i*SA, lo scenario che si delinea è ben diverso.

La Fig. 4.7 mostra le fluttuazioni nelle intenzioni di voto registrate on-line nei confronti dei 5 candidati, a partire da ottobre e fino al giorno del voto per il primo turno, permettendo così di monitorare le variazioni delle preferenze avvenute nel corso della campagna. In ciascuna delle 10 indagini qui riportate sono stati analizzati circa 40.000–50.000 tweet.

I nostri dati mostrano Bersani costantemente in vantaggio, con percentuali di voto sempre attorno al 40%. Si registra una crescita all'inizio dell'ultima settimana, fino a raggiungere un picco del 47,6%, ma negli ultimi giorni prima del voto la sua percentuale torna ad assestarsi su valori vicino al 43%, sostanzialmente in linea con le reali percentuali di voto (44,9%).

In seconda posizione troviamo Matteo Renzi. Le intenzioni di voto lo vedono oscillare attorno al 30–31%, facendo registrare alcuni picchi. Uno è legato al dibattito televisivo 'CSX Factor', andato in onda su Sky e che ha visto confrontarsi i cinque candidati premier. Nel giorno del dibattito il 34,6% dei tweet dichiara sostegno a Renzi. Nel dibattito televisivo Renzi però sfoggia una performance inferiore alle aspettative. Molti ritenevano che grazie alle sue doti mediatiche sarebbe riuscito

## 4.5 #CSXFactor e le primarie del centrosinistra

a dominare il confronto tv con Bersani, ma le cose sono andate diversamente tanto che i tweet pubblicati nelle ore del dibattito fanno registrare un sostanziale pareggio nella performance dei due candidati [12]. La 'non vittoria' nel dibattito fa calare la propensione al voto verso Renzi, che torna a salire soltanto nell'ultima settimana prima del voto, quando i renziani organizzano una convention alla Leopolda di Firenze per presentare le loro idee. Questo meeting da nuovo vigore alla sua candidatura e fa registrare un nuovo picco nelle preferenze (35,1%). Il terzo classificato, Nichi Vendola, inizia la sua campagna solo a novembre, decisamente in ritardo rispetto ai due favoriti. Nel mese di ottobre solo una minoranza di tweet sosteneva apertamente la sua candidatura che prende invece vigore a inizio novembre, a seguito dell'assoluzione di Vendola da un procedimento giudiziario che lo riguardava. Una volta assolto il leader di SEL annuncia la sua discesa in campo e la combinazione di questi due eventi lo porta molto in alto nei consensi (26,1%). Nelle settimane successive però il suo dato cala fino ad assestarsi su valori attorno al 17%. Infine i due candidati minori, Puppato e Tabacci, rimangono sempre in fondo alla classifica delle preferenze, e registrano un picco solamente nei giorni successivi al dibattito televisivo, in cui per la prima volta riescono a beneficiare di una buona esposizione mediatica e a presentare le loro proposte ad una grande audience.

Anche in occasione delle primarie l'ultima previsione effettuata prima delle elezioni (25 novembre) si rivela essere molto vicina ai dati reali (Fig. 4.7, ultima colonna). L'Errore Assoluto Medio è infatti inferiore a 2 punti (1,96) e in linea con l'EAM fatto registrare dai sondaggi svolti nell'ultima settimana prima del voto (Fig. 4.8). Se ci focalizziamo sul distacco tra i primi due candidati, Bersani e Renzi, la nostra previsione, che ipotizzava un gap di 11 punti, è molto vicina al distacco reale (9,4%) e risulta più precisa rispetto a quasi tutti i sondaggi.

Una simile accuratezza nel prevedere il risultato finale accade anche per il secondo turno delle primarie. La Tabella 4.4 riporta i risultati effettivi, la nostra previsione usando Twitter e i risultati sulla base dei sondaggi pubblicati nell'ultima settimana prima del secondo turno. Come si può osservare, l'analisi effettuata su quasi 25 mila tweet pubblicati in rete tra giovedì 29 novembre e sabato 1 dicembre (la notte che precedeva il giorno delle elezioni) produceva come risultato una chiara vittoria per Bersani (58,4% rispetto al 41,6% di Renzi), a fronte di un risultato ufficiale che ha visto il segretario PD imporsi col 60,9% dei suffragi. In questo caso l'errore è stato ancora minore rispetto ai test precedenti, in quanto lo scostamento tra la stima ed il dato reale è solamente dell'1,5%.

Insomma, la nostra analisi mostra che anche su Twitter, così come nelle urne, la maggioranza era saldamente nelle mani di Bersani con un distacco su Renzi che ha oscillato tra il 10 (al primo turno) ed il 20% (ballottaggio). Questo esempio conferma che diverse tecniche di analisi dei social media finiscono per produrre risultati diversi. Seppur interessante e utile per altre applicazioni, il conteggio di 'like', 'retweet' o numero di menzioni, non sembra correlato all'espressione di voto. Con buona pace delle critiche rivolte alla possibilità di analizzare la rete per comprendere i risultati di una campagna elettorale, da questa analisi emerge che non è tanto il *medium* (ovvero i social media) quanto, e soprattutto, il *modo* di analizzarli a generare le più evidenti distorsioni.

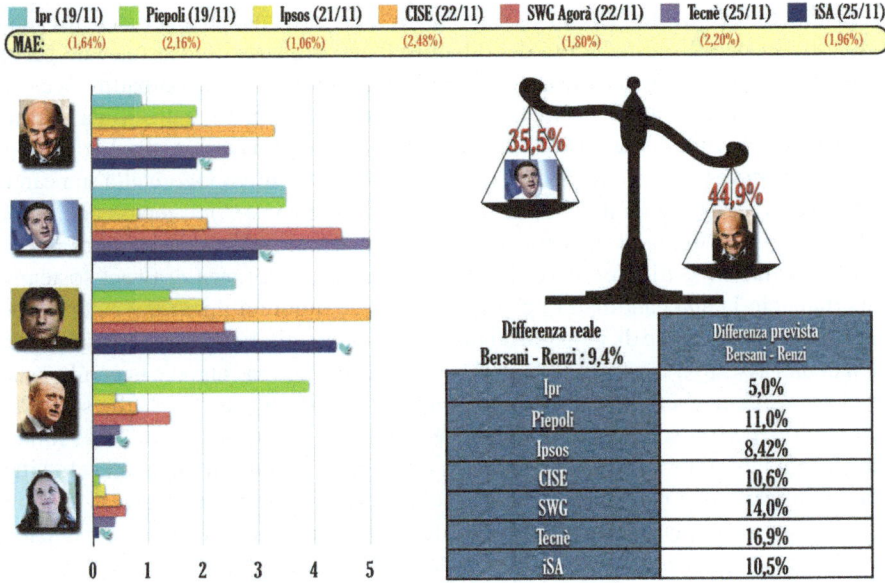

Errore assoluto percentuale rispetto al risultato finale

**Fig. 4.8** Accuratezza della stima: confronto tra l'errore assoluto medio dei sondaggi e della previsione realizzata tramite sentiment analysis

**Tabella 4.4** Secondo turno delle primarie: confronto tra sondaggi e previsione effettuata tramite *i*SA rispetto ai voti reali

|  | Giorno | Bersani | Renzi | Gap |
|---|---|---|---|---|
| Voti reali | – | 60.9 | 39.1 | Bersani +21.8 |
| *i*SA | 12/1/2012 | 58.4 | 41.6 | Bersani +16.8 |
| Ipsos | 11/29/2012 | 57.5 | 42.5 | Bersani +15 |
| Quorum | 11/28/2012 | 56.4 | 43.6 | Bersani +12.8 |
| SWG | 11/28/2012 | 55 | 45 | Bersani +10 |
| COESIS | 11/28/2012 | 54 | 46 | Bersani +8 |
| ISPO | 11/27/2012 | 56.5 | 43.5 | Bersani +13 |
| IPR | 11/26/2012 | 56 | 44 | Bersani +12 |
| PIEPOLI | 11/25/2012 | 59 | 41 | Bersani +18 |

## 4.6
## Elezioni2013, la prima campagna elettorale italiana via Twitter

L'occasione per una controprova viene offerta dalle elezioni politiche italiane del 2013. In questa occasione, e per la prima volta in Italia, i social media sono stati protagonisti nel corso dell'intera campagna elettorale venendo impiegati da tutti i

## 4.6 Elezioni2013, la prima campagna elettorale italiana via Twitter

principali partiti come 'agenzia di stampa' e 'megafono' per diffondere i programmi elettorali o le dichiarazioni rilasciate dai leader di partito durante i comizi e le interviste effettuate sui mass media. Il ruolo di Twitter è stato talmente rilevante che l'ex premier Mario Monti ha annunciato la scelta di candidarsi e di 'salire in politica' attraverso un tweet postato sul suo account, invece che attraverso una più consueta conferenza stampa [13, 14]. Sfruttando il crescente utilizzo di Twitter, sia da parte dei politici che da parte degli elettori, abbiamo ancora una volta ascoltato le conversazioni effettuate in rete.

Dal 17 gennaio e fino al pomeriggio del 25 febbraio abbiamo scaricato e analizzato ogni giorno circa 200.000 tweet che sono stati utilizzati per stimare le intenzioni di voto nei confronti dei 12 principali partiti o gruppi di partiti che si sono presentati alle elezioni. Nell'ambito della coalizione di centro-sinistra, "Italia Bene Comune", abbiamo stimato la percentuale di voto di Partito Democratico, Sinistra Ecologia Libertà e Altri di Centro-Sinistra (accomunando Centro Democratico, il Partito Socialista Italiano e la Südtiroler Volkspartei). Per il centro-destra abbiano considerato separatamente il Popolo della Libertà (PDL), la Lega Nord (LN) e Altri di Centro-Destra (considerando Fratelli d'Italia, La Destra, Italia Popolare e altre liste minori). Rispetto alla coalizione centrista, "Con Monti per l'Italia", abbiamo distinto Scelta Civica (SC), Unione dei Democratici Cristiani e di Centro (UDC) e Futuro e Libertà per l'Italia (FLI). Infine abbiamo stimato anche i voti di Movimento 5 Stelle (M5S) e Rivoluzione Civile (RC) lasciando poi una categoria residua per altre liste (essenzialmente, ma non solo, Fare per Fermare il Declino) e per indecisi e incerti. Dal momento che in alcune precedenti indagini era emersa una tendenza dello strumento a sovrastimare i partiti più piccoli, e proprio per massimizzare l'accuratezza del dato a livello di coalizione, abbiamo modificato la tecnica utilizzata per stimare le preferenze condizionando i valori di ciascuna lista rispetto alla percentuale di voti attribuita alla coalizione nel suo complesso (per ulteriori dettagli rimandiamo al Cap. 2). In questo modo, nel primo stadio di analisi l'algoritmo utilizza un numero molto elevato di codifiche per stimare i voti di ciascuna coalizione garantendo maggior accuratezza. Nella fase successiva, all'interno di ciascuna coalizione, viene stimata la percentuale delle singole liste.

La Fig. 4.9 mostra l'andamento delle intenzioni di voto durante l'ultimo mese di campagna elettorale nei confronti delle principali coalizioni: Italia Bene Comune (rosa), Centro-destra (azzurro), Monti per l'Italia (blu), Movimento 5 Stelle (giallo), Rivoluzione Civile (arancione). Ciascun dato giornaliero è stato calcolato, come già nel caso delle presidenziali americane, come media mobile in base alle rilevazioni effettuate nei sette giorni precedenti utilizzando quindi una quantità di informazione che ammonta, ogni volta, a circa 1,5 milioni di tweet.

L'andamento e le oscillazioni nelle intenzioni di voto sembrano giustificabili alla luce degli eventi della campagna elettorale. Come già fatto in occasione delle presidenziali americane, anche qui abbiamo identificato alcuni eventi che sembrano aver influenzato l'espressione delle intenzioni di voto e li abbiamo riassunti utilizzando degli hashtag. Entrando nel dettaglio, notiamo una forte flessione del centro-sinistra a fine gennaio, in coincidenza con l'emergere dello scandalo relativo al Monte dei Paschi di Siena (#mps), momento in cui per la prima volta assistiamo ad un riavvici-

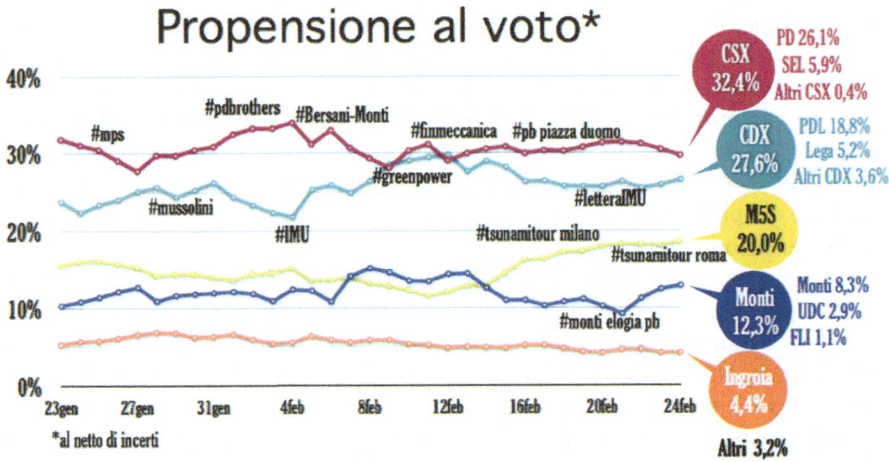

**Fig. 4.9** Andamento delle intenzioni di voto nei confronti delle principali coalizioni durante l'ultimo mese di campagna elettorale, misurate attraverso Twitter

namento tra le due principali coalizioni col divario tra centro-sinistra e centro-destra che si riduce notevolmente.[11] L'entrata in campo di Renzi, fino a quel momento un po' in disparte, al fianco di Bersani (#pdbrothers) rilancia il centro-sinistra che riprende il largo, ma i primi *rumors* di un possibile accordo post-elettorale tra Bersani e Monti hanno un impatto negativo sulla propensione al voto per la coalizione Italia Bene Comune. Negli stessi giorni la #propostachoc fatta da Berlusconi che promette di abolire l'Imu e restituire ai contribuenti la quota già versata all'erario si rivela vincente e spinge verso l'alto i consensi al centro-destra, fino ad arrivare al sorpasso (e non è un caso che in rete l'*hashtag* #sorpassoPDL risulti molto popolare in quei giorni). Lo scandalo #finmeccanica che coinvolge il centro-destra e la mobilitazione del centro-sinistra con uno dei padri nobili del partito Romano Prodi che partecipa al comizio in piazza Duomo a Milano fanno riallargare il divario tra le due principali coalizioni. Ma negli ultimi giorni prima del voto il colpo di marketing orchestrato dal PDL che spedisce agli elettori un fac-simile di una lettera in cui si danno informazioni relative a come ottenere il rimborso dell'IMU (#letteraIMU) porta nuova linfa alla coalizione di centro-destra ed il gap tra Bersani e Berlusconi si fa più stretto. Guardando agli altri partiti e coalizioni notiamo che i centristi sembrano all'inizio in grado di lottare con il M5S per contendersi la terza piazza alle spalle di centro-sinistra e centro-destra. Ma nelle ultime settimane di febbraio il sostegno a Monti cala nettamente e nello stesso periodo lo #tsunamitour organizzato da Beppe Grillo, che effettua comizi nelle piazze di tutte le principali città, fa crescere in modo esponenziale le intenzioni di voto verso il movimento, portandolo in pochi

---

[11] Questo aspetto è in linea con tutta una letteratura politologica secondo cui gli eventi della campagna elettorale tra cui scandali legati a fenomeni di corruzione politica hanno un effetto negativo sulle performance elettorali dei partiti coinvolti (Ceron e D'Adda, 2013; Clark, 2009; Shaw, 1999; Welch e Hibbing, 1997).

giorni dal 12 al 20%. Rivoluzione Civile infine è destinata, per tutta la durata della campagna, a lottare per cercare di superare la soglia di sbarramento del 4%.

L'aspetto più interessante che emerge da questo monitoraggio è senza dubbio quello di aver registrato, a due settimane dal voto e in due diverse occasioni, una percentuale di voti per PDL ed alleati superiore rispetto a quella attribuita alla coalizione a guida Bersani. Questo è un sintomo che, almeno su Twitter, le distanze erano ridotte e la prospettiva di un 'pareggio tecnico' tra le due coalizioni, evento che poi si è puntualmente verificato nelle urne, non appariva così inverosimile. L'efficienza della sentiment analysis nel cogliere le variazioni d'umore degli elettori e nel registrare l'impennata dei consenso verso il PDL all'indomani della #propostachoc sull'I-MU portano a ritenere che, forse, l'espressione di opinioni sui social media, in parte a causa delle garanzie di parziale 'anonimità' che la rete fornisce, può essere meno condizionata da fenomeni quali la 'spirale del silenzio' (Ceron e D'Adda, 2013; Noelle-Neumann, 1974), aspetto quest'ultimo che in Italia tende a coinvolgere soprattutto gli elettori berlusconiani, più restii a esprimere esplicitamente le loro intenzioni di voto quando vengono intervistati per exit-poll o sondaggi elettorali (Diamanti, 2013; Natale, 2009). Se da un lato è ormai assodato che il fenomeno della spirale del silenzio tende a verificarsi durante le interviste telefoniche, è molto meno scontato che questo accada sul web dove gli individui possono esprimersi senza alcun filtro, anche in virtù del fatto che gli aspetti legati alla desiderabilità sociale tendono ad assumere on-line meno importanza. Ma se anche in rete episodi legati alla spirale del silenzio possono verificarsi, occorre notare che *i*SA, proprio per la sua caratteristica di abbinare l'analisi computerizzata con la supervisione umana, sembra essere lo strumento più adatto per rilevare il verificarsi di una 'spirale' e conteggiare anche l'opinione di chi tende ad esprimere una scelta di voto seppure in modo solo implicito.

La novità di questo strumento è assai rilevante anche in relazione al marketing elettorale. I sondaggi effettuati in base alle tecniche tradizionali davano il centrosinistra in largo vantaggio e quasi tutti (almeno fino al periodo di oscuramento degli stessi) attribuivano a Bersani un largo margine, che per alcuni sondaggisti arrivava fino a 8 punti di scarto, stabile o in leggera diminuzione, ma sempre abbastanza ampio da rendere consigliabile a colui che veniva pronosticato saldamente in testa, l'adozione di strategie elettorali di basso profilo, volte a evitare di correre rischi inutili limitandosi invece a conservare il vantaggio per condurre la barca in porto (cosa che in effetti è sembrata accadere secondo l'opinione di diversi commentatori) [15, 16, 17, 18]. Al contrario l'analisi delle conversazioni effettuate via Twitter ha fatto registrare un andamento più mutevole, con l'espressione delle intenzioni di voto che variava in relazione agli avvenimenti della campagna elettorale ed un divario tra le due coalizioni che si allargava e restringeva di conseguenza, tanto che Bersani e Berlusconi sembravano testa a testa a meno di dieci giorni dal voto. Se da un lato l'andamento delle preferenze espresse via Twitter ricalca quindi quello dei sondaggi, dall'altro lato il canale social sembra rispondere in modo più immediato alle sollecitazioni della campagna elettorale e può essere un valido strumento da affiancare ai sondaggi per cogliere sul nascere nuovi trend, adattando quindi lo stile della campagna in base alle reazioni che si verificano nell'umore dell'elettorato, misurate in tempo reale.

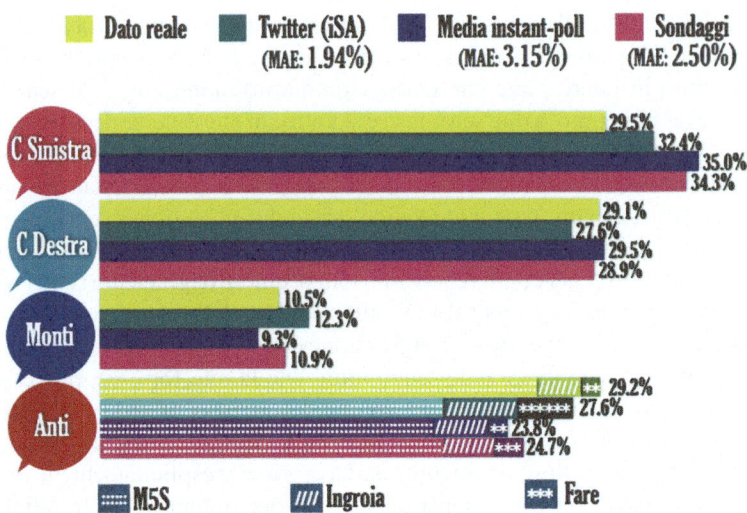

**Fig. 4.10** Confronto tra l'accuratezza delle previsioni fornite dalla sentiment analysis, dai sondaggi e dagli instant-poll confrontate con i voti reali

La Fig. 4.9 riporta anche l'ultima previsione fatta, la mattina delle elezioni del 25 febbraio 2013. Nonostante alcune discrepanze, dal confronto dei nostri dati con i voti reali osserviamo che l'Errore Assoluto Medio della previsione sulle 12 liste di partito considerate è ragionevolmente basso (1,62) e in linea con quello dei sondaggi effettuati negli ultimi 7 giorni prima del voto (e pubblicati in forma semi-clandestina su vari siti, per aggirare il divieto imposto da AgCom relativo alla diffusione dei sondaggi nelle due settimane prima del voto) [19], che varia da 1,26 a 1,86.

Se però passiamo a considerare i dati in aggregato, ovvero stimati per coalizioni o macro-aree politiche lo scenario muta. La Fig. 4.10 confronta infatti l'accuratezza delle stime prodotte dalla sentiment analysis, dai sondaggi pre-elettorali e dagli instant-poll effettuati a urne aperte, confrontandoli con i voti reali riferiti alle quattro grandi macro-aree in cui si è suddiviso l'elettorato, ovvero, Centro-Sinistra, Centro-Destra, Monti (centristi) e quell'area "Anti", anticasta, antisistema, antipolitica, di protesta e rinnovamento, che va da Grillo (M5S), a Ingroia (RC), passando per Oscar Giannino (Fare). Un'area che era in realtà relativamente omogenea, come traspariva dalla lettura diretta dei tweet, molti dei quali esprimevano un sentiment comune di potenziale sostegno verso questi partiti e di ostilità contro ciò che veniva, a torto o a ragione, percepito come vecchia politica. Leggendo i tweet troviamo ad esempio chi dice: "*su tutti #berlusconi e #bersani non si rendono conto che loro sono i padri fondatori del #M5S! W #Fare2013 e W #Mov5Stelle* ". Aggregando le previsioni per macroaree osserviamo che l'EAM di *i*SA si conferma relativamente basso (1,94) ed inferiore sia rispetto alla media dei sondaggi effettuati negli ultimi giorni prima del voto (2,50) sia rispetto agli instant-poll realizzati a urne aperte (3,15).

In particolare, i sondaggi d'opinione hanno decisamente sovrastimato (di oltre 5 punti) il centrosinistra, sottostimando invece l'ondata del voto di protesta che, nella sua ampiezza, è stata di 5–6 punti superiore rispetto alle previsioni degli istituti demoscopici. L'analisi del sentiment sembra essere stata invece maggiormente in grado di tastare il polso dell'elettorato e di interpretare gli umori della 'pancia' degli italiani. Se le stime della coalizione centrista e del centrodestra sono sostanzialmente in linea con sondaggi e voti reali, l'analisi di Twitter è infatti molto più accurata nel misurare le dimensioni dell'elettorato che ha espresso sentimenti "Anti" votando per il Movimento 5 Stelle, ma anche per Rivoluzione Civile o per Fare. Quest'area, che è stata la vera sorpresa delle elezioni tanto da dare rappresentanza al 29,2% degli italiani, veniva stimata on-line attorno al 27,6%, con uno scarto minimo rispetto al risultato delle urne. Sorpresa sì dunque, ma solo rispetto alle aspettative generate dai sondaggi, che spesso falliscono nel prevedere il risultati dei partiti che si presentano per la prima volta alle elezioni o di quelli che raccolgono il voto di protesta [20]. Al contrario, analizzando il sentiment della rete l'ondata Anti appariva più prevedibile.

## 4.7
## Tra sondaggi e sentiment, quale futuro per la previsione elettorale?

Da tutti gli esempi discussi in questo capitolo, che, vale la pena di ricordare, sono stati condotti prima che ciascuna elezione effettivamente avesse luogo (e quindi prima di sapere l'esito finale dell'urna…), sembrerebbe dunque emergere una forte somiglianza tra i risultati che si possono ottenere dai tradizionali sondaggi demoscopici e dall'analisi dei social media, così come una ragguardevole abilità della rete non solo nel tracciare fedelmente l'evoluzione di una campagna elettorale ma anche, e fatto forse ancor più rimarchevole, nell'anticiparne l'esito finale. Una previsione così accurata che ben difficilmente può essere ricondotta alla sola capricciosa volontà del "Caso". Questo appare vero sia per le elezioni *"single issue"* (come quelle presidenziali), in cui le preferenze espresse dagli utenti della rete coinvolgono alla fin fine una scelta tra due sole opzioni, sia per casi decisamente più complessi, in cui le preferenze potenzialmente esprimibili coinvolgono un numero ben più ampio di opzioni. Questo aspetto, assieme al fatto che gli scenari politici che abbiamo analizzato provengono da tre paesi molto differenti (Francia, Stati Uniti ed Italia), in cui le comunità di utilizzatori di internet non sono necessariamente le stesse per dimensione e composizione, contribuisce in modo importante a dare validità e robustezza alle nostre conclusioni. È vero che, in alcuni casi, il metodo *i*SA appare più accurato quando si focalizza sui principali leader o sui partiti politici più importanti, rispetto a quelli minori. Ma nonostante questo, i nostri risultati appaiono decisamente promettenti.

A questo punto, un'ulteriore domanda potrebbe sorgere spontanea. Come è possibile che tutto questo accada? Dopotutto, per effettuare una previsione elettorale (sia nel presente che nel futuro) dovremmo essere in grado di appoggiarci su un campione rappresentativo di elettori. Ma, e qua sta il dilemma, non c'è alcuna garanzia che questa rappresentatività venga ottenuta analizzando i social media. Al contrario, e come già discusso nel Cap. 1, le caratteristiche demografiche degli utenti dei social media sembrano ancora non combaciare perfettamente con quelle dell'intera popolazione di un paese (Bakker e de Vreese, 2011; Tjong Kim Sang e Bos, 2012; Wei e Hindman, 2011). Gli utenti della rete sono generalmente più giovani, con un livello scolastico maggiore, concentrati nelle aree urbane, e politicamente più attivi della media (Conover *et al.*, 2011; Jensen *et al.*, 2012).[12]

A questo riguardo possiamo avanzare tre tipi di risposte, non necessariamente in contrasto tra loro. Anzi, proprio la loro compresenza sembrerebbe fornire una possibile chiave di lettura.

Innanzitutto, ci dobbiamo chiedere se abbiamo ancora bisogno di un campione rappresentativo quando, solo per citare un esempio, il 22% degli elettori registrati, ovvero circa 30 milioni di persone, annuncia il proprio voto on-line, come è accaduto durante le recenti presidenziali americane (Pew Research, 2012b). Forse, la semplice disponibilità di una grande mole di informazioni presente in rete è sufficiente per compensare una parziale non-rappresentatività dell'informazione stessa. È l'idea della "saggezza diffusa" o "saggezza della folla" già discussa in precedenza (Franch, 2012). Anche perché, per essere davvero "saggia", una folla deve presentare al suo interno una pluralità di punti di vista, un processo decisionale decentralizzato e scelte individuali non eterodirette (Surowiecki, 2004), tutte condizioni normalmente soddisfate nel mondo dei social media.

D'altro lato, per produrre una accurata previsione di un risultato elettorale, dovremmo essere maggiormente preoccupati della distribuzione delle preferenze politiche in rete: insomma, della rappresentatività "ideologica" dei social media, piuttosto che della loro semplice rappresentatività socio-demografica. Le poche analisi presenti, piuttosto datate a dire il vero, suggeriscono che gli elettori di sinistra tendono ad essere sovra-rappresentati in rete, sebbene solo marginalmente (Best e Krueger, 2005), ma la crescente diffusione dei social media nel grande pubblico, grazie in particolare all'utenza su smartphone (si veda il Cap. 1), sta probabilmente cambiando lo scenario di riferimento, rendendo queste analisi inevitabilmente superate.[13] I dati sull'Italia confermano questa sensazione: come emerge dalla Tabella 4.5, la differenza in termini di auto-collocazione ideologica degli italiani in generale e dal

---

[12] Occorre anche notare che i problemi di garantire una corretta rappresentatività non sono una esclusiva delle sole analisi della rete. I sondaggi demoscopici hanno funzionato bene per diverse decadi, ma con l'emergere di una società in moto perpetuo, e con la diffusione della telefonia mobile, che ha portato alcune fasce di popolazioni (più di altre) ad abbandonare il telefono fisso, la capacità di ottenere un campione davvero rappresentativo attraverso i tradizionali sondaggi telefonici incontra maggiori difficoltà (Goidel, 2011; Hillygus, 2011). Non va poi trascurato il problema dei tassi di risposta ai sondaggi, che hanno fatto segnare un crollo in molti paesi: dal 36% al 9% negli Stati Uniti negli ultimi 15 anni (Pew Research, 2012a; Tourangeau e Plewes, 2013). Un dato non molto dissimile da quello italiano: si veda [20].
[13] Ovviamente, poter disporre di informazioni affidabili sulle preferenze politiche degli utenti dei social media potrebbe permettere di implementare un appropriato sistema di pesature nel corso dell'analisi (Choy *et al.*, 2011). Si veda però la discussione in nota 9 sulla sostanziale irrilevanza nel caso americano di tale procedura.

**Tabella 4.5** Distribuzione dell'auto-collocazione ideologica degli italiani (complessiva) e di quelli che usano i social media. *Fonte: IPSOS, febbraio 2013*. Sondaggio demoscopico su 800 rispondenti

| Autocollocazione ideologica | Totale | Utenti di social-media |
|---|---|---|
| sinistra | 10.50 | 10.22 |
| centro sinistra | 15.75 | 15.25 |
| centro | 14.63 | 13.81 |
| centro destra | 11.25 | 11.51 |
| destra | 4.13 | 4.32 |
| nessuna | 37.50 | 38.42 |
| non so/non risponde | 6.25 | 6.47 |

sotto-campione che utilizza i social media appare decisamente trascurabile (dati del febbraio 2013).[14]

Infine, sebbene non possiamo ancora dare per scontato che la popolazione dei social media risulti sempre lo specchio fedele di una cittadinanza, potrebbero esserci dubbi sul fatto che tale discrepanza possa davvero influenzare la *capacità predittiva* di una analisi della rete. Questo potrebbe accadere, ad esempio, se assumiamo che gli utenti dei social media (in particolare, per quanto discusso in precedenza, Twitter) agiscano come opinion-maker in grado di influenzare e/o anticipare le preferenze di un più vasto pubblico (O'Connor *et al.*, 2010), oltre che dell'ecosistema mediatico in generale (si ricordi quanto detto a riguardo nel Cap. 1. Su questo punto ritorneremo anche in sede di conclusioni).[15]

Lo stesso avverrebbe nel momento in cui le discussioni sui social media riuscissero effettivamente a riprodurre trend più generali dell'opinione pubblica. In effetti, quando una persona scrive sui social media ha spesso la tendenza a portare con sé quello che ha proviene dalle discussioni effettuate all'interno della sua "seconda cerchia" di amicizie e di vita off-line: le chiacchierate fatte a casa, con gli amici, con i colleghi, ovvero con tutto il mondo che on-line non è (sul rapporto tra reti digitali e reti personali, e sul reciproco effetto di influenza, si veda Bond *et al.*, 2012). Quando questo accade, l'opinione che appare on-line può diventare tematicamente rappresentativa di una più ampia fetta di conversazioni e di distribuzioni di preferenze (Ampofo *et al.*, 2011; Jensen e Anstead, 2013), rafforzando, per questa via,

---

[14] Vaccari *et al.* (2013) riportano una leggera sovra-rappresentazione, tra gli utenti italiani di Twitter che parlano di politica, di quelli che si auto-collocano sul versante ideologico di centro-sinistra rispetto alla popolazione reale. Il risultato emerge da un sondaggio effettuato su Twitter stesso.

[15] Il fatto che tra l'utenza di Twitter la categoria dei giornalisti e di chi si occupa di comunicazione sia ben rappresentata, in Italia (e non solo), sembrerebbe fornire una base empirica a questa ipotesi (Farhi, 2009; Lasorsa *et al.*, 2012; Spierings e Jacobs, 2013). D'altra parte c'è anche chi, in modo suggestivo, paragona le discussioni che avvengono in rete con quelle che avvenivano nei salotti del diciottesimo secolo: "le conversazioni dei salotti erano il riflesso della cultura dei tempi in Francia e nella maggior parte degli altri paesi dell'Europa occidentale. Ma al tempo stesso influenzavano tale cultura, dando il via a quella serie di rivoluzioni che hanno cambiato il nostro mondo per sempre. Noi oggi non prendiamo più tanto alla leggera il peso che hanno avuto quei salotti. Al contrario rappresentano una fonte di informazione fondamentale per gli storici. Dovremmo trattare la rete precisamente allo stesso modo" (Herbst, 2011).

la qualità del segnale che si cattura analizzando tale flusso di informazioni.[16] Siamo dunque di fronte ad una rete composta da "neuroni" socialmente connessi tra loro, in grado di registrare e riportare l'umore di una intera collettività? Inutile dire che questo rappresenta un tema affascinante che richiede ricerche e approfondimenti ulteriori nei prossimi anni.

Riassumendo, nonostante i limiti e le problematiche legate all'analisi dei social media in tema di previsioni elettorali, i risultati esposti in questo capitolo forniscono ragioni per essere ottimisti riguardo alla capacità della sentiment analysis di diventare (se non lo è già) un prezioso supplemento dei tradizionali sondaggi demoscopici off-line. Ma è il metodo che utilizziamo per ascoltare la rete, ancora una volta, a fare la differenza.

## Riferimenti web

1. TheMonkeyCage.org – Joshua Tucker, "A Breakout Role for Twitter? Extensive Use of Social Media in the Absence of Traditional Media by Turks in Turkish in Taksim Square Protests," 1 giugno 2013. [Online]. Available: http://themonkeycage.org/2013/06/01/a-breakout-role-for-twitter-extensive-use-of-social-media-in-the-absence-of-traditional-media-by-turks-in-turkish-in-taksim-square-protests/.
2. Mashable – Alex Fitzpatrick, "Turkey Protesters Take to Twitter as Local Media Turns a Blind Eye," 3 giugno 2013. [Online]. Available: http://mashable.com/2013/06/03/twitter-turkey-protests/.
3. Voices from the Blogs, "Twitter-blackout per le #elezioni2013," 9 febbraio 2013. [Online]. Available: http://sentimeter.corriere.it/2013/02/09/twitter-blackout-per-le-elezioni2013/.
4. Le nouvelle observateur, "Sarkozy ou Hollande? Qui gagne le débat? L'analyse sur Twitter," 2 maggio 2012. [Online]. Available: http://tempsreel.nouvelobs.com/election-presidentielle-2012/20120502.OBS9654/sarkozy-ou-hollande-qui-gagne-le-debat-l-analyse-sur-twitter.html.
5. Storify, "#Stayinline," [Online]. Available: http://storify.com/aarrnnee/all-the-girls-standing-in-the-line-for-the. [Accessed luglio 2013].
6. Voices from the Blogs, "Romney – Obama: per la rete è cappotto!," 4 ottobre 2012. [Online]. Available: http://sentimeter.corriere.it/2012/10/04/romney-obama-per-la-rete-e-cappotto/.
7. Voices from the Blogs, "Visti dalla rete: stavolta il dibattito premia Obama," 17 ottobre 2013. [Online]. Available: http://sentimeter.corriere.it/2012/10/17/visti-dalla-rete-stavolta-il-dibattito-premia-obama/.
8. "Per la rete Obama vince ancora. Ma basterà?," 23 ottobre 2012. [Online]. Available: http://sentimeter.corriere.it/2012/10/23/per-la-rete-obama-vince-ancora-ma-bastera/.

---

[16] E in effetti, alcune analisi dimostrano che considerare la totalità di tweet pubblicati da ciascun utente (come fatto da noi in questo capitolo) o limitarsi a considerare solamente un tweet per ciascun singolo account, non sembra fare differenza in termini di previsioni prodotte (Tjong and Bos, 2012).

9. Campaign Stops- Andrew Gelman, "What Too Close to Call Really Means," 30 ottobre 2012. [Online]. Available: http://campaignstops.blogs.nytimes.com/2012/10/30/what-too-close-to-call-really-means/?smid=tw-share.
10. Twitter, "The Twitter Political Index," [Online]. Available: https://election.twitter.com/.
11. Blogmeter, "Primarie Centro Sinistra: Renzi domina sui social network. Le opinioni premiano Bersani," 24 novembre 2012. [Online]. Available: http://www.blogmeter.it/blog/social-analytics-blog/2012/11/24/primarie-centro-sinistra-renzi-domina-sui-social-network-le-opinioni-premiano-bersani/.
12. Voices from the Blogs, "CSX Factor: la rete si infiamma, ma tra Bersani e Renzi è pareggio," 13 novembre 2012. [Online]. Available: http://sentimeter.corriere.it/2012/11/13/csx-factor-la-rete-si-infiamma-ma-tra-bersani-e-renzi-e-pareggio/.
13. Corriere della Sera, "Monti su Twitter: "Saliamo in politica"," 25 dicembre 2012. [Online]. Available: http://www.corriere.it/politica/12_dicembre_25/monti-napolitano-natale-berlusconi_2dcbfdec-4e9e-11e2-be01-3194f599ff4a.shtml.
14. LaStampa.it, "Monti su Twitter: "Basta lamentarsi Saliamo in politica per rinnovarla" Bersani: il premier sia sopra le parti," 26 dicembre 2012. [Online]. Available: http://www.lastampa.it/2012/12/26/italia/politica/l-appello-di-monti-su-twitter-basta-lamentarsi-rinnoviamo-la-politica-YP7levPgkFPFBaMIPYXPVK/pagina.html.
15. Corriere della Sera, "Renzi contro i Cinque Stelle: "Pensano solo agli scontrini. E si spaccheranno"," 19 maggio 2013. [Online]. Available: http://www.corriere.it/politica/13_maggio_19/renzi-parla-torino-annunziata_6650eb44-c074-11e2-9979-2bdfd7767391.shtml.
16. Panorama.it – Andrea Soglio, "I 5 errori di Bersani," 20 aprile 2013. [Online]. Available: http://news.panorama.it/politica/dimissioni-bersani-pd.
17. LaStampa.it- Alessandra Pieracci, "La rabbia di Burlando: "Campagna elettorale moscia"," 27 febbraio 2013. [Online]. Available: http://www.lastampa.it/2013/02/27/edizioni/savona/la-rabbia-di-burlando-campagna-elettorale-moscia-DJL6iXXvGDFCqXWmXhGgxJ/pagina.html.
18. La Nazione – Elettra Gullè, "Il Pd? Ha fatto una campagna elettorale amorfa", 27 febbraio 2013. [Online]. Available: http://www.lanazione.it/firenze/cronaca/2013/02/27/851650-fatto_campagnaelettorale_amorfa.shtml.
19. Il fatto quotidiano- Thomas Mackinson, "Stop ai sondaggi elettorali. Solo "corse ippiche" e voci dal conclave," 21 febbraio 2013. [Online]. Available: http://www.ilfattoquotidiano.it/2013/02/21/elezioni-2013-stop-sondaggi-solo-corse-ippiche-voci-dal-conclave/507667/.
20. Linkiesta – Giampietro Gobo, "Perché (probabilmente) i sondaggi sbaglieranno (parzialmente) le previsioni elettorali," 19 febbraio 2013. [Online]. Available: http://www.linkiesta.it/blogs/questioni-di-metodo/perche-probabilmente-i-sondaggi-sbaglieranno-parzialmente-le-previsioni-0.

## Riferimenti bibliografici

AAPOR (2009) An Evaluation of the Methodology of the 2008. Pre-Election Primary Polls. Lenexa, KS: American Association of Public Opinion Research

Albrecht S, Lübcke M, Hartig-Perschke R (2007) Weblog Campaigning in the German Bundestag Election 2005. Social Science Computer Review 25(4):504–520

Aldrich JH (1983) A Downsian Spatial Model with Party Activism. American Political Science Review 77:974–990

Ampofo L, Anstead N, O'Loughlin B (2011) Trust, Confidence, and Credibility. Information, Communication & Society 14(6):850–71

Bakker TP, de Vreese CH (2011) Good News for the Future? Young People, Internet Use, and Political Participation. Communication Research 20(10):1–20

Banks, JS (1991) Signaling Games in Political Science. Harwood Academic

Barberá P (2012) Birds of the Same Feather Tweet Together. Bayesian Ideal Point Estimation Using Twitter Data. Paper presentato alla Conferenza annuale dell'APSA. URL: http://papers.ssrn.com/sol3/papers.cfm?abstract_id=2108098

Baykurt B (2013) The Gezi protests have shown the rampant institutional bias in Turkey's media which now leaves little room for facts. LSE EUROPP Blog. 10 luglio 2013 http://blogs.lse.ac.uk/europpblog/2013/07/10/gezi-protest-media/

Bennett WL, Segerberg A (2011) Digital media and the personalization of collective action: Social technology and the organization of protests against the global economic crisis. Information Communication and Society 14(6):770–799

Best SJ, Krueger BS (2005) Analyzing the Representativeness of Internet Political Participation. Political Behavior 27(2):183–216

Biorcio R, Natale P (2013) Politica a 5 stelle. Idee storia e strategie del movimento di Grillo, Feltrinelli: Milano

Bond RM, Fariss CJ, Jones JJ, Kramer ADI, Marlow C, Settle JE (2012) A 61-million-person experiment in social influence and political mobilization. Nature 489(7415), pp 295–298

Cameron MP, Barrett P, Stewardson B (2013) Can Social Media Predict Election Results? Evidence from New Zealand. Working Paper in Economics 13/08, University of Waikato

Ceron A, D'Adda G (2013) Enlightening the voters: The effectiveness of alternative electoral strategies in the 2013 Italian election monitored through (sentiment) analysis of Twitter posts. Paper presentato alla settima conferenza generale dell'ECPR, 4–7 settembre, Bordeaux

Ceron A, Curini L, Iacus SM, Porro G (2013) Every tweet counts? How sentiment analysis of social media can improve our knowledge of citizens' policy preferences. An application to Italy and France. New Media & Society. doi:10.1177/1461444813480466

Choy M, Cheong M, Laik MN, Shung KP (2012) US Presidential Election 2012 Prediction using Census Corrected Twitter Model. Disponibile su: http://arxiv.org/ftp/arxiv/papers/1211/1211.0938.pdf

Chung J, Mustafaraj E (2011) Can collective sentiment expressed on twitter predict political elections? Proceedings of the Twenty-Fifth AAAI Conference on Artificial Intelligence, San Francisco, CA, USA

Conover M, Goncalves B, Ratkiewicz J, Flammini A, Menczer F (2011) Predicting the Political Alignment of Twitter Users. Proceedings of 3rd IEEE Conference on Social Computing SocialCom. URL: http://cnets.indiana.edu/wp-content/uploads/conover_prediction_socialcom_pdfexpress_ok_version.pdf

Cottle S (2011) Media and the Arab uprisings of 2011. Journalism 12(5):647–659

Cox G (1997) Making votes count: Strategic coordination in the world's electoral systems. New York: Cambridge University Press

Crespi I (1988) Pre-Election Polling: Sources of Accuracy and Error. New York: Russell Sage

Dahlberg S, Persson M (2013) Different Surveys, Different Results? A Comparison of Two Surveys on the 2009 European Parliamentary Election. West European Politics. doi:10.1080/01402382.2013.814961

DiGrazia J, McKelvey K, Bollen J, Rojas F (2013) More Tweets, More Votes: Social Media as a Quantitative Indicator of Political Behavior. Available at SSRN: http://ssrn.com/abstract=2235423 or http://dx.doi.org/10.2139/ssrn.2235423

Downs A (1957) An Economic Theory of Democracy. New York: Harper & Row

Durand C, Blais A, Larochelle M (2004) The Polls in the 2002 French Presidential Election: An Autopsy. Public Opinion Quarterly 68(4):602–622

Farhi P (2009) The Twitter explosion. American Journalism Review. URL: http://www.ajr.org/Article.asp?id=4756

Franch F (2012) (Wisdom of the Crowds)2: 2010 UK Election Prediction with Social Media. Journal of Information Technology & Politics. doi:10.1080/19331681.2012.705080

Gayo-Avello D (2011) A warning against converting social media into the next literary digest. CACM

Gayo-Avello D (2012) No, You Cannot Predict Elections with Twitter, IEEE Internet Computing 16(6):91–94

Gayo-Avello D, Metaxas P, Mustafaraj E (2011) Limits of electoral predictions using social media data. Proceedings of the International AAAI Conference on Weblogs and Social Media, Barcelona, Spain

Ghannam J (2011) Social Media in the Arab World: Leading up to the Uprisings of 2011. Center for International Media Assistance

Gibson RK, Lusoli W, Ward S (2008) Nationalizing and normalizing the local? A comparative analysis of online candidate campaigning in Australia and Britain. Journal of Information Technology & Politics 4(4):15–30

Gloor PA, Krauss J, Nann S, Fischbach K, Schoder D (2009) Web Science 2.0: Identifying Trends through Semantic Social Network Analysis. CSE 4. 2009 International Conference on Computational Science and Engineering, pp 215–222

Goidel K (2011) Political Polling in the Digital Age: The Challenge of Measuring and Understanding Public Opinion. New Orleans: LSU Press

Goldstein P, Rainey J (2010) The 2010 elections: Twitter isn't a very reliable prediction tool. URL: http://lat.ms/fSXqZW

Herbst, S (2011) Un(Numbered) Voices? Reconsidering the Meaning of Public Opinion in a Digital Age. In: Goidel K (2011) Political Polling in the Digital Age, Baton Rouge, Louisiana State University Press, pp 85–98

Hillygus DS (2011) The Evolution of Election Polling in the United States. Public Opinion Quarterly 75(5):962–81

Huberty M (2013) Multi-cycle forecasting of Congressional elections with social media, Workshop on Politics, Elections, and Data, CIKM

Jansen HJ, Koop R (2005) Pundits, Ideologues, e Ranters: The British Columbia Election Online. Canadian Journal of Communication 30(4):613–632

Jensen MJ, Anstead N (2013) Psephological Investigations: Tweets, Votes, and Unknown Unknowns in the Republican Nomination Process. Policy & Internet 5(2):161–182

Jensen MJ, Jorba L, Anduiza E (2012) Introduction. In: Anduiza E, Jensen M, Jorba L (eds) Digital Media and Political Engagement Worldwide: A Comparative Study. New York: Cambridge University Press, pp 1–15

Jérôme B, Jérôme V, Lewis-Beck MS (1999) Polls fail in France: forecasts of the 1997 legislative election. International Journal of Forecasting 15:163–174

Jugherr A, Jürgens P, Schoen H (2011) Why the pirate party won the German election of 2009 or the trouble with predictions: A response to Tumasjan. In: Sprenger TO, Sander PG, Welpe IM (eds) Predicting elections with twitter: What 140 characters reveal about political sentiment. Social Science Computer Review 30(2):229–234

Knigge P (1998) The Ecological Correlates of Right-Wing Extremism in Western Europe European Journal of Political Research 34:249–279

Larsson AO, Moe H (2012) Studying political microblogging: Twitter users in the 2010 Swedish election campaign. New Media & Society 14(5):729–747

Lasorsa DL, Lewis SC, Holton AE (2012) Normalizing twitter: journalism practice in an emerging communication space. Journalism Studies 13(1):19–36

Laver M, Benoit K, Sauger N (2006) Policy competition in the 2002 French legislative and presidential elections. European Journal of Political Research 45:667–697

Lewis-Beck MS (2005) Election forecasting: Principles and practice. The British Journal of Politics & International Relations, 7, 145–164

Lindsay R (2008) Predicting polls with Lexicon. URL: languagewrong.tumblr.com/post/55722687/predicting-polls-with-lexicon

Madge C, Meek J, Wellens J, Hooley T (2009) Facebook, social integration and informal learning at university: It is more for socialising and talking to friends about work than for actually doing work. Learning, Media and Technology 34(2):141–155

Morozov R (2009) Iran: Downside to the 'Twitter revolution'. Dissent 56(4):10–14

Mosca L, Vaccari C (eds) (2011) Nuovi media, nuova politica? Partecipazione e mobilitazione online da MoveOn al Movimento 5 stelle, Franco Angeli: Milano 2011

O'Connor B, Balasubramanyan R, Routledge BR, Smith NA (2010) From Tweets to Polls: Linking Text Sentiment to Public Opinion Time Series. Proceedings of the International AAAI Conference on Weblogs and Social Media, Washington, DC, May 2010

Pamelee JH, Bichard SL (2011) Politics and the Twitter Revolution: How Tweets Influence the Relationship between Political Leaders and the Public. Lanham, MD, Lexington

Payne S (1951) The Art of Asking Questions, Princeton: Princeton University Press

Pew Research Center (2012a) Assessing the Representativeness of Public Opinion Surveys. URL: http://www.people-press.org/files/legacy-pdf/Assessing%20the%20Representativeness%20of%20Public%20Opinion%20Surveys.pdf

Pew Research Center (2012b) Social media and voting. URL: http://www.pewinternet.org/~/media//Files/Reports/2012/PIP_TheSocialVote_PDF.pdf

Rothschild D, Wolfers J (2012) Forecasting Elections: Voter Intentions versus Expectations. URL: http://assets.wharton.upenn.edu/~rothscdm/RothschildExpectations.pdf

Sanders E, van den Bosch A (2013) Relating Political Party Mentions on Twitter with Polls and Election Results. URL: ceur-ws.org/Vol-986/paper_9.pdf

Segerberg A, Bennett WL (2011) Social media and the organization of collective action: Using twitter to explore the ecologies of two climate change protests. Communication Review 14(3):197–215

Shaw DR (1999) A Study of Presidential Campaign Event Effects from 1952 to 1992. Journal of Politics 61(2):387–422

Shi L, Agarwal N, Agrawal A, Garg R, Spoelstra J (2012) Predicting US Primary Elections with Twitter. URL: http://snap.stanford.edu/social2012/papers/shi.pdf

Smith A (2009) The Internet's Role in Campaign 2008. Pew Internet & American Life Project. Washington, DC: Pew Research Center

Spierings N, Jacobs K (2013) Getting Personal? The Impact of Social Media on Preferential Voting. Political Behavior. doi:10.1007/s11109-013-9228-2

Surowiecki J (2004) The wisdom of crowds. New York: Doubleday

Tjong KSE, Bos J (2012) Predicting the 2011 Dutch Senate Election Results with Twitter. Proceedings of SASN 2012, the EACL 2012 Workshop on Semantic Analysis in Social Networks, Avignon, France, 2012

Tourangeau R, Plewes TJ (2013) Nonresponse in Social Science Surveys: A Research Agenda, The National Academies Press: Washington, DC

Tumasjan A, Sprenger TO, Philipp GS, Welpe IM (2010) Predicting Elections with Twitter: What 140 Characters Reveal about Political Sentiment. Proceedings of the Fourth International AAAI Conference on Weblogs and Social Media

Upton G Jr (2010) Does Attractiveness of Candidates Affect Election Outcomes?. URL: http://com/lib/files/AttractivePoliticians.pdf

Vaccari C, Valeriani A, Barberá P, Bonneau R, Jost TJ, Nagler J, Tucker J (2013) Social Media and Political Communication: A survey of Twitter users during the 2013 Italian general election. Rivista Italiana di Scienza Politica

Véronis J (2007) Citations dans la presse et résultats du premier tour de la présidentielle 2007. URL: http://aixtal.blogspot.com/2007/04/2007-la-presse-fait-mieux-que-les.html

Wagner KM, Gainous J (2013) Digital Uprising: The Internet Revolution in the Middle East. Journal of Information Technology & Politics 10(3):261–275

Wei L, Hindman DB (2011) Does the Digital Divide Matter More? Comparing the Effects of New Media and Old Media Use on the Education-Based Knowledge Gap. Mass Communication and Society 14(2):216–235

Williams C, Gulati G (2008) What is a Social Network Worth? Facebook and Vote Share in the 2008 Presidential Primaries. Annual Meeting of the American Political Science Association, 1–17. Boston, MA

Wlezien C, Erikson RS (2002) The Timeline of Presidential Election Campaigns. Journal of Politics 64(4):969–993

Woodly D (2007) New competencies in democratic communication? Blogs, agenda setting and political participation. Public Choice 134(1–2):109–123

Xin JGA, Cao L (2010) The Wisdom of Social Multimedia: Using Flickr For Prediction and Forecast. ACM Multimedia 2010 International Conference. Key: citeulike:7968236

# Conclusioni: Dai social media alla politica (e ritorno)

- Accountability e responsiveness al tempo di Twitter
- Social media e potere di agenda
- Una nuova E-governance? Tra dubbi e potenzialità

> *Oggi esiste una minaccia che si chiama Twitter.*
> *I migliori esempi di menzogne si possono trovare lì.*
> *Per me, i social media sono la peggior minaccia alla società*
> Recep Tayyip Erdoğan

## 5.1
### Gusti, opinioni e preferenze della rete

I precedenti capitoli hanno fatto luce sulle ampie potenzialità dei social media, in generale, e di Twitter in particolare, come fonti di informazioni che rendono possibile prevedere il presente nonché il futuro (ciò che abbiamo chiamato, rispettivamente, "nowcasting" e "forecasting"), anticipando il verificarsi di eventi sociali complessi o monitorandoli in tempo reale. In questo senso i social media permettono anche di raccogliere le opinioni espresse dai cittadini-elettori-consumatori per misurarne i gusti, le preferenze e gli atteggiamenti. D'altra parte, in un mondo digitale in cui l'opinione pubblica si forma sempre più in modo dinamico, interattivo, con un crescente ricorso a forme scritte (virtuali) di discussione e conversazione, ricorrere ai soli strumenti tradizionali di monitoraggio non risulta più sufficiente (su questo punto si veda anche Goidel 2011, Gasperoni 2013). Di fronte all'istituzionalizzazione di una volubilità (quasi) permanente nelle preferenze e negli atteggiamenti, fare affidamento solo a una successione di scatti statici per catturare ciò che è in perenne divenire può essere fin troppo elusivo. Al contrario, sia che si parli di campagne elettorali o di terremoti, di andamento dei mercati o diffusione dell'influenza, le informazioni disponibili sui canali social aprono una finestra sul mondo e ci forniscono uno sguardo (in *streaming*, questa volta) su quello che sta accadendo o che potrà accadere.

I commenti pubblicati on-line ci consentono di monitorare anche le conseguenze che le preferenze espresse producono sull'effettivo comportamento degli individui.

È infatti possibile rilevare i comportamenti reali, come le scelte di voto o di consumo, o più semplicemente le attività quotidiane, dallo studio al lavoro, fino alle passioni e alle attività svolte durante il tempo libero. Il web ci racconta anche gli amori, registra i conflitti generazionali, e le differenze nel modo di concepire il mondo. Traccia gli spostamenti, da nord a sud, all'interno del paese o verso l'estero, misura la mobilità dei cittadini, così come quella delle idee o del linguaggio (Lupi *et al.*, 2012). Tasta anche il polso degli individui in relazione alle loro esigenze e lamentele, fallimenti e successi, ambizioni e aspettative, fornendo un feedback, in tempo reale, sugli aspetti legati a qualsiasi ambito: qualità della vita, gradimento di un prodotto, rapporto con le istituzioni.

In questo senso, se opportunamente raccolte ed utilizzate, le informazioni che vengono ogni giorno pubblicate on-line sono in grado di incidere in modo assai rilevante sul mondo del marketing e dell'impresa, così come su quello del giornalismo e della comunicazione.

In analogia con il monitoraggio delle campagne elettorali che ha chiare e rilevanti implicazioni per il marketing politico, lo stesso tipo di analisi può infatti riguardare la supervisione dell'efficacia di una campagna pubblicitaria misurando come questa venga percepita in rete e registrando variazioni nella *brand reputation* prima e dopo la campagna. Al di là del fatto che si parli di un prodotto, è poi importante anche cogliere se le discussioni siano positive e negative, e quali aspetti della campagna pubblicitaria vengano apprezzati o criticati.

Non solo marketing, tuttavia. I commenti pubblicati on-line possono ad esempio diventare utili per suggerire modifiche e miglioramenti dei prodotti in commercio, fino ad arrivare alla fornitura di una offerta sempre più personalizzata in una economia *customer-tailored*. I suggerimenti (non sollecitati, ma "ascoltati") provenienti dai social possono contribuire a generare nuove idee, o a far scoprire nuove mode che vengono lanciate in rete nonché esigenze comuni ai diversi consumatori, le quali a loro volta possono portare alla creazione di nuovi prodotti. Anche in questo caso, quindi, l'analisi dei gusti e delle preferenze non è fine a se stessa, ma contribuisce a costruire il futuro e quindi in parte a prevederlo, secondo un meccanismo logico simile, in un certo senso, a quello della profezia che si auto-adempie.

Ma i social media sono anche orientati a trasformare la politica, a ripensare il ruolo delle istituzioni, dal governo alle amministrazioni locali, fino a (r)innovare l'idea stessa di democrazia, trasformando la relazione tra cittadini, consumatori, mercato ed istituzioni.

In queste conclusioni, ci sembra allora interessante provare a descrivere come questo possa accadere, discutendo alcuni dei possibili futuri sviluppi nell'utilizzo e nell'analisi dei social e aprendo la strada a nuove aree di ricerca.

## 5.2
## Consigliare il "principe"...

Il ruolo dei social media può rivelarsi innanzitutto importante per rafforzare la *responsiveness* delle istituzioni, ovvero la loro capacità di rispondenza alle preferenze dei cittadini (Dahl, 1972). Monitorare la rete rende infatti possibile, ad esempio, evidenziare il gradimento ed il giudizio retrospettivo dei cittadini rispetto ad una *public policy*, un criterio questo che è da affiancare ad altri indicatori più orientati a misurarne l'efficacia e l'efficienza, ma che rimane comunque rilevante e degno di essere tenuto in debita considerazione (Pollitt e Bouckaert, 2011). Tanto più se consideriamo il fatto che questo giudizio può far emergere alcuni suggerimenti in grado di migliorare l'efficacia dell'intervento o della politica pubblica in questione, oppure segnalare lacune e debolezze relative alla sua implementazione. D'altra parte, il giudizio dei cittadini può far anche luce su eventuali errori comunicativi che possono venire compiuti da una Pubblica Amministrazione.

Un primo esempio in questo senso viene da un monitoraggio che abbiamo effettuato sul sentiment su Twitter nei confronti di "Area C" tra gennaio e marzo 2012. Come noto, tale progetto, avviato dalla nuova amministrazione comunale milanese a gennaio 2012, prevedeva (e prevede tuttora) il pagamento di un ticket per accedere in macchina al centro della città [1].

Il progetto, che inizialmente era stato presentato (o almeno percepito in tal modo da larga parte del pubblico) principalmente come un provvedimento anti-inquinamento, fa registrare un notevole gradimento nei giorni immediatamente successivi alla sua implementazione (79,3% dopo le prime 48 ore e 73,4% nei giorni seguenti), segnando valori in linea con la percentuale di coloro che avevano dato parere positivo (79,1%) nel referendum cittadino organizzato, con fini consultivi, a giugno 2011. A inizio marzo però vengono comunicati i primi dati sulle emissioni

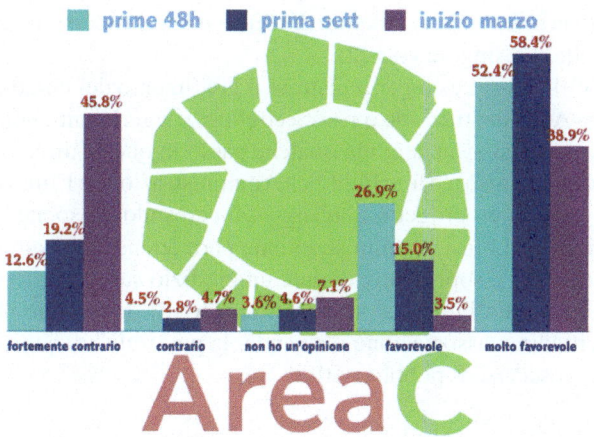

**Fig. 5.1** Il gradimento dei milanesi nei confronti di Area C

di polveri sottili e questi dati evidenziano che "Area C" non è stata in grado di ridurre lo smog. Di fronte a questo insuccesso il gradimento in rete cala drasticamente fino a far registrare una maggioranza di commenti ostili al progetto, nonostante il pieno raggiungimento del vero obiettivo che aveva portato all'introduzione di Area C (ossia la riduzione del congestionamento nel centro di Milano).[1] In questo senso, una analisi come quella riportata dalla Fig. 5.1 mostra il vantaggio strategico che l'analisi la rete potrebbe offrire alle Istituzioni. Monitorare i social media rende infatti possibile misurare il gradimento su alcune scelte politiche di lungo termine, ricalibrandole in tempi rapidi, aggiornandone il tono ed il linguaggio utilizzato nella comunicazione, o anche facendo "retromarcia" su tali scelte, prima che queste diventino (politicamente) troppo onerose.

L'importanza dei social media nella Pubblica Amministrazione, soprattutto a livello locale, è d'altra parte sempre più riconosciuta. Questi strumenti sono infatti diventati il mezzo principale per creare un dialogo tra le istituzioni e i cittadini e sono funzionali anche alla realizzazione delle cosiddette *"smart city"* (città intelligenti), che comportano l'implementazione massiccia nella gestione della cosa pubblica, proprio a livello locale, della tecnologia connessa alla rete. Diverse città, soprattutto negli Stati Uniti, hanno così creato delle figure responsabili, incaricate di gestire il rapporto coi cittadini curando in particolare l'interazione che avviene sui canali social. La città di Chicago è ad esempio all'avanguardia in questo tipo di attività tanto da organizzare sessioni di "domande e risposte" trasmesse in streaming in cui il sindaco interagisce con la cittadinanza, oltre ad una mappa interattiva con cui i cittadini possono essere informati delle attività dell'amministrazione e richiederne l'intervento. Una sorta di "intelligenza distribuita" sul territorio, grazie per l'appunto ai nuovi media, capace di produrre informazioni e di raccoglierle in tempo reale, al fine di migliorare l'offerta di servizi. Famoso è il caso della gestione degli spazzaneve, in cui, grazie a un gps installato su ciascuna macchina e a una piattaforma online collegata, i cittadini possono essere in grado di seguire continuamente gli spostamenti degli spazzaneve, mettersi in contatto tra di loro ed eventualmente segnalare la necessità di un intervento. Ancora più interessante è l'iniziativa, tutta virtuale, in cui è stata data la possibilità ai cittadini di Chicago di esprimersi in merito al bilancio della città, e alle sue singole voci [2].

In Italia l'utilizzo del web per registrare il gradimento dei cittadini nei confronti della Pubblica Amministrazione o per raccogliere suggerimenti, non ha ancora raggiunto uno stadio così avanzato, ma qualche passo in questa direzione è stato fatto. Nel 2010, l'allora ministro per la Pubblica Amministrazione e l'innovazione, Renato Brunetta, ha avviato un progetto d'avanguardia creando un social media per avvicinare cittadini e Pubblica Amministrazione, permettendo di rintracciare gli uffici più vicini ma anche, e soprattutto, di dare un giudizio sul servizio offerto, valutando così l'operato della Pubblica Amministrazione [3]. Il servizio inoltre garantiva a chiunque, cittadino, associazione o azienda, la possibilità di riutilizzare i dati per realizzare nuovi servizi di pubblica utilità [4].

---

[1] A marzo 2012, rispetto ai precedenti mesi, cresce in effetti la percentuale di chi ritiene che Area C non funzioni e si stia rivelando una scelta poco efficace in termini di riduzione dell'inquinamento. Si veda [1].

Altri tentativi di consultare l'opinione pubblica attraverso i social media sono stati effettuati dal governo Monti, in diverse occasioni. Una prima consultazione online, pur soggetta ad alcune critiche nel metodo [5], era relativa all'opportunità di abolire il valore legale del titolo di studio [6, 7]. Coerentemente con l'esito della consultazione il governo ha poi deciso di rinunciare all'abolizione [8]. Un secondo tentativo di consultazione è stato fatto in relazione all'agenda digitale [9], mentre una terza consultazione è avvenuta in merito alla spending review promossa dal governo in cui i cittadini sono stati interpellati per ricevere suggerimenti in merito alla riduzione degli sprechi e al taglio della spesa pubblica [10]. Questa consultazione è particolarmente interessante perché rileva alcuni limiti che una analisi supervisionata del sentiment sarebbe in grado di superare. Il governo si è trovato in difficoltà di fronte alla grande quantità di suggerimenti, oltre 130 mila, ricevuti in forma testuale, e ha dovuto istituire un apposito gruppo di lavoro riuscendo però ad analizzarne e catalogarne manualmente solo una parte (circa 80 mila), attirandosi per questo critiche e suscitando polemiche [11]. Applicare adeguate tecniche di analisi testuale avrebbe potuto quindi rivelarsi proficuo per analizzare interamente questa mole di dati, ottenendo un notevole risparmio in termini di tempo, costi e personale, senza andare a discapito di un adeguato grado di accuratezza analitica.

Un ultimo caso di consultazione pubblica via web, infine, è stato promosso recentemente dal governo Letta [12], che ha chiesto ai cittadini un parere sulle riforme istituzionali (e in particolare su presidenzialismo e rafforzamento dei poteri del premier, bicameralismo, referendum, riduzione del numero dei parlamentari e dei costi della politica) [13].

Per quanto visto, la possibilità di utilizzare la rete, e i social media in particolare, per rafforzare la responsiveness delle istituzioni, sta attraendo un crescente interesse a tutti i livelli di governo. D'altra parte, il ruolo dei social media, per quanto riguarda la relazione tra cittadini ed istituzioni, può andare oltre alla sola, seppur importante, funzione di "consigliere del Principe". La rete può infatti rivelarsi anche un utile strumento di *accountability* nei confronti delle istituzioni.

## 5.3
**... e sorvegliarlo**

Per accountability intendiamo la necessità che chiunque venga investito dell'autorità di compiere scelte che hanno un impatto su una pluralità di individui, debba rendere conto delle proprie azioni, assumendone piena responsabilità (Dikstra, 1939). Da questo punto di vista, sta accadendo sempre più frequentemente che la rete si impadronisca del ruolo che è stato tradizionalmente attribuito alla stampa, ovvero quello di *watch-dog* (cane da guardia) della cittadinanza. Per fare un esempio, nell'aprile 2012 il governo Monti ha fatto retromarcia in merito all'acquisto di nuove "auto blu" dopo le polemiche che si erano scatenate proprio su due canali social, ovvero Twitter e Facebook [18]. Anche se non possiamo essere certi del rapporto causa-conseguenza, quanto è successo aiuta ad identificare il duplice ruolo di accountability svolto dalla rete. Da un lato i social media diventano una sorta di "telecamera di sorveglianza", in grado di vigilare sull'azione dei governanti, registrandone in modo indelebile ogni azione intrapresa. Dall'altro lato agiscono come veri e propri "allarmi anti-incendio", utilizzando una terminologia cara alle politiche pubbliche (Moe 1984, Regonini 2001), in grado di dare per l'appunto l'allerta ogni qual volta vengono registrate notizie, voci o segnali preoccupanti, e diffondendoli tramite la rete in modo capillare, amplificando così proteste e indignazione, con la possibilità che questo malessere possa essere ascoltato, proprio tramite i canali social, anche dalla classe politica e amministrativa.

Da questo punto di vista, un altro caso esemplare ha riguardato la riforma del finanziamento pubblico, sulla quale il web ha vigilato per verificare che venissero mantenute le "promesse" fatte alla cittadinanza. Tra queste vi era anche l'impegno a destinare la tranche dei rimborsi elettorali di luglio 2012 alle popolazioni terremotate dell'Emilia-Romagna. Per ragioni tecniche legate ai tempi di approvazione del provvedimento c'è stato il rischio che tale promessa non fosse mantenuta [19]. Tuttavia, anche per il forte pressing esercitato on-line dall'opinione pubblica, tale provvedimento è stato poi effettivamente approvato nei tempi previsti [20].

Ma oltre ad un ruolo di sorveglianza nei confronti delle istituzioni, la rete può spingersi fino a rivestire, in talune circostanze, addirittura un vero e proprio potere di veto. Quanto accaduto nei giorni dell'elezione del Presidente della Repubblica in Italia, nell'aprile 2013, è illuminante a riguardo. In quel caso diversi franchi tiratori nelle fila del Partito Democratico hanno affondato in aula le candidature di Franco Marini, prima, e di Romano Prodi, poi, votando in difformità rispetto alla linea del partito. Molti dei deputati ribelli hanno giustificato la propria scelta con la necessità di dover fronteggiare le pressioni ricevute via internet, in particolare via Twitter, dai militanti del partito. D'altra parte, essere presente sui social media per un politico, sembra anche implicare la necessità di ricercare un maggior grado di credibilità nelle proprie azioni, il che aiuterebbe a spiegare (in parte) il comportamento appena visto. Una ricerca di credibilità dovuta al fatto che la rete, come gli elefanti, ha la "memoria lunga" [21].

## 5.4
## Oltre all'e-Government c'è di più...

Utilizzare l'analisi della rete per rafforzare la responsiveness e l'accountability di una istituzione ben rientrano all'interno di una definizione ampia di *e-Government*. Per e-Government si intende infatti l'utilizzo da parte delle agenzie di governo delle nuove tecnologie (a partire da internet) al fine di "trasformare le relazione con i cittadini, le imprese e la pubblica amministrazione. Queste tecnologie possono servire a una varietà di scopi: migliore offerta di servizi per i cittadini, interazioni più efficaci con il tessuto produttivo, una più efficiente gestione della cosa pubblica. I benefici che ne risultano possono essere, tra gli altri, una maggiore trasparenza, minore corruzione, minori costi" (World Bank, 2011). In questo senso, al cuore

## 5.4 Oltre all'e-Government c'è di più...

dell'e-Government c'è l'utilizzo delle nuove tecnologie per aumentare la qualità e l'efficienza dei servizi pubblici, e per rendere più trasparenti e responsabili le decisioni delle istituzioni. Analizzando più di 170 paesi tra il 1996 e il 2010, Khazaeli e Stockemer (2013) in effetti mostrano una relazione positiva e sostanziale tra il tasso di penetrazione di internet e dei social media in una popolazione e la qualità della governance e della accountability di un governo. Questi sono aspetti che abbiamo già discusso nei due precedenti paragrafi. Tuttavia, vale la pena sottolineare come questa prospettiva assegni alla rete e ai social media essenzialmente una funzione reattiva, non propositiva: sia che si tratti di esercitare la funzione di "cani da guardia" o quella di valutare il successo di una politica, le decisioni, in ultima istanza, continuano ad essere prese "dall'alto".[2]

Tuttavia, proprio per la loro dimensione bottom-up, i social media possono essere in grado di attivarsi da soli, e avere, quindi, direttamente una voce in capitolo. In primo luogo, attraverso il loro ruolo di "agenda setter".

A volte i social media riescono infatti ad esercitare un potere d'agenda diretto che non dipende da quello dei media tradizionali, tanto che in alcuni casi, quando la diffusione delle notizie è endogena (si ricordi la discussione fatta nel Cap. 1) sono i media tradizionali a rincorrere i canali social in cerca di informazioni (Parmelee, 2013). Spesso, quindi, il social è la notizia. I giornalisti scandagliano ad esempio i trend-topic (ovvero gli *hashtag* più usati su Twitter) per capire di cosa si sta discutendo in rete, e molte volte le reazioni dell'opinione pubblica misurate tramite social media vengono pubblicate nelle home page dei quotidiani come notizie a sé stanti.[3]

Ma anche quando la diffusione delle notizie è esogena e i media tradizionali giocano un ruolo chiave a riguardo, la rete può godere di un potere d'agenda indiretto.[4] Una parte considerevole delle notizie che vengono rilanciate on-line provengono in realtà dai media tradizionali. Questo però non esclude che, ricevendo un vasta eco tra i messaggi pubblicati in rete, l'impatto dei media tradizionali sull'agenda possa interagire con quello prodotto dai social media. In questo senso, se i news media continuano ad esercitare di per sé un potere d'agenda (McCombs e Shaw, 1972; Scheufele e Tewksbury, 2007), tale potere non può essere più definito 'assoluto'. Al

---

[2] E difatti esperienze di e-Government si hanno anche in paesi che non sono democratici. Emblematico è il caso cinese (Noesselt, 2013), dove a fine 2012 si contano oramai quasi 80 mila microblog creati dal governo cinese, soprattutto a livello locale (erano 550 nel 2010), per interagire direttamente con i cittadini, al fine non solo di aumentare la trasparenza, combattere la corruzione e rafforzare la percezione della legittimità dell'azione pubblica, ma anche per migliorare la qualità della fornitura dei servizi. Ciò non implica, tuttavia, un minore controllo da parte dell'autorità cinesi su ciò di cui si discute in rete. Semplicemente questo controllo, e la conseguente attività di censura, da diretta (come accadrebbe, ad esempio, con la chiusura di un sito o l'eliminazione di un link) diventa indiretta, attraverso la censura selettiva di quei messaggi che invitano ad aggregarsi per manifestare, indipendentemente se la manifestazione sia politica o meno. In particolare, ciò che normalmente accade è che i post su simili tematiche vengono accuratamente riscritti dalle autorità nelle parti in cui si parla di auto-organizzarsi o riunirsi, oppure alcuni temi spariscono strategicamente dalla rete senza apparente motivo (King *et al.*, 2013).
[3] Un esempio è stata la reazione della rete alla sentenza definitiva sul processo Mediaset, pubblicata sulla home page di corriere.it. Si veda: [22].
[4] Sulla relazione tra la rete e l'agenda mediatica e politica si veda il lavoro di Shamma *et al.* (2009) sul legame tra media e Twitter durante la campagna presidenziale statunitense del 2008, e l'articolo di Scharkow e Vogelgesang (2011) in cui i dati relativi a Google Insights vengono confrontati con rilevazioni demoscopiche relative alle priorità dell'agenda politica.

contrario, questo effetto può essere condizionato dalla reazione dell'opinione pubblica, che non è più nella condizione di passiva fruitrice delle notizie, ma diventa parte attiva, potendo decidere quale news rilanciare e quale ignorare, esprimendo inoltre il proprio gradimento e stato d'animo in relazione a qualsiasi fatto o accadimento riportato da giornali e televisioni.[5] La rete può addirittura arrivare ad "esautorare" i mass media se i temi da questi proposti non vengono sostenuti e non generano un interesse da parte degli utenti dei social media.

Un esempio emblematico ci può aiutare a chiarire meglio il rapporto tra media tradizionali, social media e (agenda) politica. Nell'aprile 2012 in Italia scoppia uno scandalo politico legato all'utilizzo improprio dei rimborsi elettorali. Questo scandalo, avviato da un'inchiesta giudiziaria e rilanciato dai news media e dai social media ha aperto un "vaso di Pandora", suscitando una discussione generalizzata sul ruolo del finanziamento pubblico che ha portato ad una effettiva revisione della legislazione esistente spingendo il Parlamento a modificare le norme sui rimborsi ai partiti.

Se ad aprile l'utilizzo dei rimborsi elettorali fatto dalla Lega Nord è stato la goccia che ha fatto traboccare il vaso, durante le settimane successive diversi altri movimenti politici sono stati indagati o coinvolti in analoghe vicende. Tra questi spiccano membri di quasi tutti i principali partiti italiani, tanto che da più parti si è parlato di una "Tangentopoli 2" [23]. Si va infatti da esponenti appartenenti al Partito Democratico (è il caso dell'ex tesoriere della Margherita, Luigi Lusi), fino a politici legati al Popolo della Libertà, in relazione alle vicende che hanno visto coinvolto l'ex governatore della Lombardia, Roberto Formigoni, così come altre accuse erano state mosse nei confronti del governatore della Puglia, Nichi Vendola, leader di Sinistra Ecologia e Libertà.

Il dibattito relativo al finanziamento pubblico generato inizialmente da questi scandali è proseguito per diversi mesi, da inizio aprile (il 4 aprile scoppia lo scandalo che coinvolge l'ex tesoriere della Lega Nord, Francesco Belsito) fino a inizio luglio. Il 5 luglio 2012 infatti le Camere approvano in via definitiva una nuova legge in materia di rimborsi elettorali.

La Fig. 5.2 mostra il confronto tra il volume di discussioni prodotte su Twitter tra aprile a luglio (misurato come numero giornaliero di tweet relativi al tema dei rimborsi elettorali e del finanziamento pubblico, degli scandali legati a questi due aspetti, e del sentimento antipolitico generatosi in rete) con l'effettiva attenzione dedicata al tema da parte della stampa, conteggiando il numero articoli inerenti pubblicati ogni giorno sulle edizioni cartacee di tre dei principali quotidiani nazionali: il Corriere della Sera, Repubblica e il Sole 24 Ore.

---

[5] Non a caso i principali quotidiani on-line da tempo sono strutturati in modo da lasciare spazio ai commenti dei lettori. Inoltre sempre più spesso vengono attivate forme di "sondaggio" on-line che hanno lo scopo di misurare l'opinione della comunità dei lettori, e viene dato spazio a opinioni 'esterne', attraverso la creazione di blog indipendenti legati a ciascun quotidiano virtuale. In questo modo i giornali on-line cercano di trasformarsi a loro volta in social media e comunità virtuali, in grado di raccogliere le idee dei lettori ed il feedback prodotto dalla loro audience. Questa svolta avviene per almeno due ragioni. Da un lato migliora il legame con i lettori. Dall'altro lato questa trasformazione è vantaggiosa per ragioni di marketing perché permette di capire quali notizie e stili redazionali suscitino l'interesse di chi legge riuscendo così a confezionare un "prodotto" che incontri il gradimento della clientela, generando un maggior volume di vendite e incassi pubblicitari.

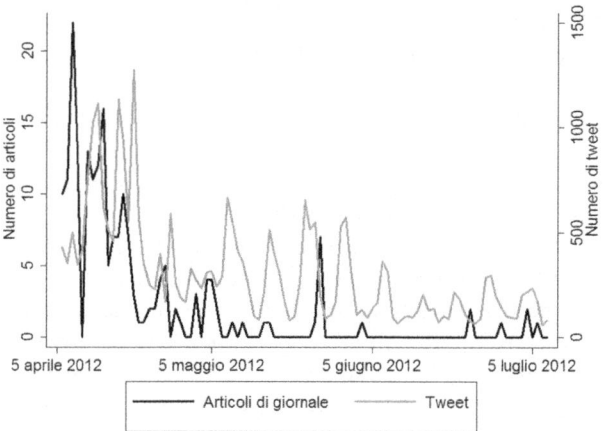

**Fig. 5.2** Numero di tweet e articoli di giornale relativi al tema dei rimborsi elettorali e del finanziamento pubblico

Come emerge dalla Fig. 5.2, registriamo una associazione rilevante tra il numero di articoli pubblicati dalla stampa e il numero di tweet prodotti in rete. Le due misure infatti sono infatti positivamente correlate ($r = 0{,}52$) e questa relazione appare significativa.[6] Quando lo scandalo scoppia, questo "fa notizia" e produce subito una forte eco sulla stampa, che dedica decine di articoli all'argomento. Queste notizie a loro volta contribuiscono a far nascere il dibattito in rete, con il numero di tweet che raddoppia nei giorni seguenti. Successivamente, i media tradizionali spostano l'attenzione su altri argomenti, riattivandosi solo nei periodi in cui emergono novità legate ai diversi scandali politici o al dibattito parlamentare relativo alla discussione della nuova legge. Gli utenti di Twitter, invece, contribuiscono a mantenere vivo il dibattito attorno a questi temi. Pur senza raggiungere i picchi registrati ad inizio aprile, su Twitter il livello di interesse post-scandalo rimane sempre più elevato rispetto allo spazio dedicato dalla stampa. In effetti, i tweet continuano a discutere di questi aspetti anche nei giorni in cui non emergono notizie nuove che siano così rilevanti da essere pubblicate sulla carta stampata. Al contrario, l'interesse riscontrato in rete e le notizie che vengono diffuse tramite i canali social sembrano in alcuni casi catturare l'attenzione dei media spingendoli a tornare ad occuparsi di questo tema.

Se da un lato, quindi, le notizie pubblicate sulla stampa provocano la reazione della rete, dall'altro l'interesse e la discussione generatasi sui media *social* fa scaturire nuova attenzione da parte dei media tradizionali. L'analisi statistica sulla relazione causale tra queste due variabili (numero di tweet e numero di articoli sui quotidiani), la cosiddetta "causalità di Granger", conferma in effetti che tale relazione è duplice. Da un lato, un maggior numero di articoli pubblicati favorisce la discussione in rete aumentando il numero di tweet. Dall'altro lato, quando la discussione on-line si fa più intensa, questa produce a sua volta un incremento nel numero di articoli

---

[6] Una analoga correlazione (0,53) emerge anche tra il numero di articoli sulla stampa e il numero di commenti on-line postati sui forum.

pubblicati dalla stampa sul tema, e questo secondo effetto appare, come magnitudine, leggermente più intenso rispetto al precedente. Quello che accade e si forma (anche in termini di opinioni) on-line, non rimane quindi solo on-line, ma ha anche un impatto più generale off-line, influenzando per questa via una più ampia platea (si ricordi la discussione fatta nel Cap. 4).

Ma il protagonismo diretto dalla rete non si realizza solo attraverso il suo potere di agenda. Lo sviluppo dei social media e l'accresciuta rappresentatività dei loro utenti rispetto alla popolazione totale li rendono uno strumento che, a detta di alcuni, può essere impiegato per rinnovare persino lo stesso concetto di democrazia, aprendo la strada ad esperimenti che superino quelli di mera consultazione (come nel caso di alcuni degli esempi riportati in precedenza), per arrivare invece a produrre vere e proprie forme complesse di *e-Governance* [24], basate su una attiva integrazione della società civile nel processo di governo, su una partecipazione civica e politica rafforzata proprio grazie all'esperienza quotidiana fatta nella sfera pubblica dei social media (Anduiza *et al.*, 2009; Boulliane, 2009; Östman 2012), nonché su slanci di democrazia diretta (De Zúñiga *et al.*, 2009; Papacharissi, 2002). Una *e-Democracy* che, proprio grazie al fatto di ridurre notevolmente i costi ed i tempi necessari per praticare forme di democrazia diretta, incentiva l'utilizzo di istituti già costituzionalmente previsti, quali ad esempio quello del referendum così come la possibilità di organizzare petizioni e presentare iniziative di legge popolari.

La prospettiva che ciascun cittadino possa avere un domani il proprio account ufficiale "istituzionale" apre la porta in questo senso a nuovi scenari. Anche se permangono dubbi in merito alla possibilità che la rete possa attivare effettivi meccanismi di democrazia deliberativa (Alvarez e Hall, 2011; Chadwick, 2008; Hilbert, 2009) e anche se il dibattito sul web, esattamente come quello nel mondo che virtuale non è, continuerà plausibilmente ad assumere la forma di un pluralismo competitivo, in cui i sostenitori di idee diverse si confrontano senza convergere necessariamente verso una soluzione identificabile con il "bene comune" (Riker, 1988), l'utilizzo e l'analisi dei social media costituisce uno strumento importante a disposizione delle democrazie e dei governi per tutte le ragioni fin qui discusse.

Sotto questo aspetto restano da risolvere naturalmente ancora molti problemi. Tra i rischi principali ne segnaliamo alcuni. Da un lato, le discussioni on-line finiscono a volte per generare *flame*, ossia serie di botta e risposta che spesso sfociano in insulti reciproci e che radicalizzano le posizioni di chi scrive, invece che moderarle come invece suggerito da una visione forse un po' troppo romantica della e-Democracy (Hindman, 2009).[7] Più in generale alcuni hanno sostenuto che nei social media prevalgono le critiche rispetto agli atteggiamenti costruttivi [25].

Una ulteriore questione da considerare è il rischio che anche in rete si verifichino forme di *spirale del silenzio*, che "zittiscano" alcune opinioni a vantaggio di altre, pur riconoscendo che esistono ragioni per ritenere che on-line queste spirali siano meno forti se confrontate con quanto avviene in altri contesti (come discusso nel

---

[7] In modo interessante, questo ultimo punto ricorda da vicino l'acceso dibattito presente nella letteratura sulla democrazia deliberativa a proposito delle possibili conseguenze dei processi deliberativi sulla formazione (e definizione) delle preferenze (Sunstein, 2002), a conferma, se ce ne fosse ancora bisogno, della attualità del rapporto tra social media e (teoria) politica.

corso del Cap. 4; si veda (Gearhart e Zhang, 2013) per una discussione di questi aspetti in relazione all'omofobia).

Infine, un possibile rischio riguarda la sicurezza e la protezione dei dati e delle informazioni disponibili in rete. L'idea di una costante interazione tra cittadini-consumatori-mercati e istituzioni governative può avere effetti benefici, ma può anche generare problemi legati alla privacy. Il fatto che i cittadini pubblichino le proprie opinioni sui social interagendo con altri cittadini, non implica automaticamente l'esistenza di una disponibilità a, o di una volontà di, fornire tali informazioni a imprese e apparati della pubblica amministrazione. Il rischio è quello di trasformare il web in una sorta di *Grande Fratello* orwelliano, al cui occhio nulla sfugge.

Il caso Wikileaks, e per certi versi anche il Datagate, hanno evidenziato diverse falle nei sistemi di protezione delle informazioni riservate, tanto che *hacker* e *whistleblowers* hanno spesso facile accesso ai siti governativi riuscendo a bucarne i *firewall* [26]. Se ci si vuole avviare verso forme di e-Democracy (qualunque esse siano) è allora indispensabile prima di tutto garantire la sicurezza dei processi decisioni affidati al web e assicurare che questi non siano facile preda di attacchi esterni, più o meno interessati.

Insomma, nonostante tutto, il futuro sembra essere sempre più digitale. Di conseguenza appare ragionevole supporre che le opinioni espresse tramite social media diventeranno sempre più rilevanti, sempre più di "peso" in un processo che potrebbe anche permettere, nello scenario migliore, quel riavvicinamento tra cittadino e istituzioni quanto mai prezioso per superare, anche per questa strada, la crisi di fiducia nella politica che le società occidentali stanno attraversando ormai da alcuni anni (Mair, 2006).

D'altra parte, in questo volume abbiamo visto in più occasioni come i social media possano essere utilizzati sia per studiare l'evoluzione dei fenomeni sociali e politici, fino a prevedere avvenimenti futuri (o a prevenirne gli esiti), che per monitorare le opinioni dei cittadini, anche al fine di migliorare il gradimento di prodotti, persone, o istituzioni. In un certo senso, quindi, si potrebbe avere la (malsana) tentazione di trattarli alla stregua del supercomputer costruito dagli scienziati de *Guida galattica per gli autostoppisti*, in grado di darci la risposta a qualsiasi domanda.

Ma pensiamo alla crisi economica e finanziaria che sta (ancora) attanagliando l'Europa e gli Stati Uniti. Questa è coincisa con la disponibilità per gli analisti del maggior numero di dati di sempre su cui poter applicare i propri modelli. Eppure... è stato un caso? Oppure i Big Data richiedono anche un Big Judgement [27] se non si vuole correre il rischio di amplificare (pre)giudizi soggettivi, a volte errati?

In questo senso, quando si analizzano e si "interrogano" i social media in cerca di risposte divinatorie, occorre prima di tutto capire, proprio come accade nel sopracitato romanzo di Douglas Adams, quale sia la domanda giusta da porre. In secondo luogo, è necessario *ascoltare* nel modo corretto la risposta che ci viene data, per riuscire a comprenderla pienamente. Per farlo servono gli strumenti analitici adatti. Ma serve anche la consapevolezza che il "cervello collettivo" dei social media, per quanto interessante, moderno, potente e "rivoluzionario", non sarà mai in grado di darci davvero la risposta alla "domanda fondamentale sulla vita, l'universo e tutto quanto" [28] da cui eravamo partiti nell'introduzione a questo libro. Quella risposta, del resto, è e sarà sempre "42".

## Riferimenti web

1. Voices from the Blogs, "Quanto C piace AreaC?," 16 marzo 2012. [Online]. Available: http://voicesfromtheblogs.com/2012/03/16/quanto-c-piace-areac/.
2. Wired.it, "La lezione di Chicago per amministrare in modo trasparente," 19 febbraio 2013. [Online]. Available: http://daily.wired.it/news/politica/2013/02/19/hauswirth-social-media-week-78926.html.
3. Governo Italiano- Presidenza del consiglio dei ministri, "Innovazione: "MiaPA"," primo servizio al mondo di social check-in applicato alla PA. Già reperibili 12.000 indirizzi, presto saranno più di 100.000," [Online]. Available: http://www.funzionepubblica.gov.it/comunicazione/notizie/2010/ottobre/25102010–innovazione-brunetta-presenta-miapa.aspx. [Consultato il giorno luglio 2013].
4. Wired.it, "MiaPA, un social network per esplorare la pubblica amministrazione," 26 ottobre 2010. [Online]. Available: http://italianvalley.wired.it/news/internet/mia-pa-un-social-network-per-esplorare-la-pubblica-amministrazione.html.
5. G. Regonini, "La consultazione pubblica sul valore legale dei titoli: osservazioni di metodo," 16 aprile 2012. [Online]. Available: http://www.pubblica.org/consulta/metodoconsultazione.html.
6. Reuters Italia, "Valore legale laurea, Monti apre consultazione pubblica," 27 gennaio 2012. [Online]. Available: http://it.reuters.com/article/topNews/idITMIE80Q04M20120127.
7. Ministero dell'Istruzione, dell'Università e della Ricerca, "Consultazione pubblica online sul valore legale del titolo di studio," 27 gennaio 2012. [Online]. Available: http://hubmiur.pubblica.istruzione.it/web/ministero/consultazione-pubblica.
8. Corriere della Sera-Paolo Conti, "Italiani "conservatori" sulla laurea," 22 aprile 2012. [Online]. Available: http://www.corriere.it/cronache/12_aprile_22/italiani-conservatori-conti_74ea9c1e-8c53-11e1-a888-e468d0e8abab.shtml.
9. Wired.it, "Agenda digitale, ecco come fare una proposta," 27 aprile 2012. [Online]. Available: http://daily.wired.it/news/politica/2012/04/27/agenda-digitale-discussione-web-96241.html.
10. Wired.it, "Tagli alla spesa pubblica, 40mila proposte dal Web," 4 maggio 2012. [Online]. Available: http://daily.wired.it/news/politica/2012/05/04/governo-monti-tagli-partecipazione-37889.html.
11. Linkiesta – Marco Sarti, "Le segnalazioni dei cittadini sulla spending review che Palazzo Chigi non ha mai letto," 12 luglio 2012. [Online]. Available: http://www.linkiesta.it/blogs/camera-con-vista/segnalazioni-cittadini-spending-review.

12. Agenzia per l'Italia Digitale, "Consultazione Pubblica per le Riforme Costituzionali," [Online]. Available: http://www.digitpa.gov.it/notizie/consultazione-pubblica-le-riforme-costituzionali. [Consultato il giorno luglio 2013].
13. Governo Italiano – Presidenza del Consiglio dei Ministri, "Al via consultazione pubblica sulle riforme," 8 luglio 2013. [Online]. Available: http://www.governo.it/Notizie/Ministeri/dettaglio.asp?d=72069.
14. Wired.it, "La reazione degli studenti ai test Invalsi su Twitter e Facebook," 16 luglio 2013. [Online]. Available: http://daily.wired.it/news/internet/2013/07/16/invalsi-twitter-social-352728.html.
15. LaStampa.it – Luca Ricolfi, "Copiare come e perché," 12 luglio 2009. [Online]. Available: http://www.lastampa.it/2009/08/12/cultura/opinioni/editoriali/copiare-come-e-perche-fWNirQH8gN6y3CsQt3rp0J/pagina.html.
16. Sentimeter.corriere.it, "Tre studenti su quattro raccontano di aver copiato ai test Invalsi. Ma Twitter ascolta!," 16 luglio 2013. [Online]. Available: http://sentimeter.corriere.it/2013/07/16/tre-su-quattro-copiano-ai-test-invalsi-ma-twitter-ascolt/.
17. Ministro On. Prof. Maria Chiara Carozza, "Presentazione del Rapporto Invalsi 2013," [Online]. Available: http://hubmiur.pubblica.istruzione.it/alfresco/d/d/workspace/SpacesStore/12f41439-9d94-475a-8523-9caae49d78d8/presentazione_del_rapporto_invalsi_2013.pdf. [Consultato il giorno luglio 2013].
18. RaiNews24, "Bando di gara per nuove auto blu ma il governo dice che non le compra," 26 aprile 2012. [Online]. Available: http://www.rainews24.it/it/news.php?newsid=164516.
19. Reppublica.it -Carmine Saviano, "Rimborsi elettorali, promessa a rischio," 27 giugno 2012. [Online]. Available: http://www.repubblica.it/politica/2012/06/27/news/rimborsi_elettorali_la_promessa_a_rischio_in_forse_91_mln_di_euro_per_i_terremotati_dell_emilia-38046338/.
20. Lettera43, "Partiti, rimborsi ai terremotati," 5 luglio 2012. [Online]. Available: http://www.lettera43.it/economia/macro/partiti-rimborsi-ai-terremotati_4367556840.htm.
21. Michael Slaby, "Embrace the change". [Online]. Available: http://www.ssireview.org/pdf/3-Michael_Slaby.pdf.
22. Voices from the Blogs, "Effetto #sentenzamediaset: cresce la felicità in rete (+15%)", 2 agosto 2013. [Online]. Available: http://sentimeter.corriere.it/2013/08/02/effetto-sentenzamediaset-cresce-la-felicita-in-rete-15/.
23. Voices from the Blogs, "Tangentopoli 2: gli italiani ormai assuefatti agli scandali", 15 ottobre 2012. [Online]. Available: http://sentimeter.corriere.it/2012/10/15/tangentopoli-2-italiani-ormai-assuefatti-agli-scandali/.
24. Unesco, "E-Governance" [Online]. Available: http://portal.unesco.org/ci/en/ev.php-URL_ID=3038&URL_DO=DO_TOPIC&URL_SECTION=201.html. [Consultato il giorno luglio 2013].

25. Pew Research Center, "Twitter Reaction to Events Often at Odds with Overall Public Opinion", 4 marzo 2013. [Online]. Available: http://www.pewresearch.org/2013/03/04/twitter-reaction-to-events-often-at-odds-with-overall-public-opinion/.
26. Wired.it, "WikiLeaks, una risposta imperfetta a un mondo imperfetto [analisi]," 23 dicembre 2010. [Online]. Available: http://daily.wired.it/news/internet/wikileaks-commento-dyson.html.
27. Tom Monahan, http://www.linkedin.com/today/post/article/20131011174931-3471503-big-data-calls-for-big-judgment-in-finance-and-beyond.
28. Wikipedia, "Risposta alla domanda fondamentale sulla vita, l'universo e tutto quanto" [Online]. Available: http://it.wikipedia.org/wiki/Risposta_alla_domanda_fondamentale_sulla_vita,_l'universo_e_tutto_quanto. [Consultato il giorno luglio 2013].

## Riferimenti bibliografici

Alvarez RM, Hall TE (2011) Electronic Elections: The Perils and Promises of Digital Democracy. Princeton, NJ: Princeton University Press

Anduiza E, Cantijoch M, Gallego A (2009) Political participation and the Internet: A field essay. Information, Communication & Society 12(6):860–878

Bollen J, Mao H, Zeng X (2011) Twitter mood predicts the stock market. Journal of Computational Science 2(1):1–8

Boulianne S (2009) Does Internet use affect engagement? A meta-analysis of research. Political Communication 26(2):193–211

Cameron AM, Massie AB, Alexander CE, Stewart B, Montgomery RA, Benavides NR, Fleming GD, Segev DL (2013) Social Media and Organ Donor Registration: The Facebook Effect. American Journal of Transplantation 13(8):2059–2065

Chadwick A (2008) Web 2.0: New challenges for the study of e-democracy in an era of informational exuberance. I/S: Journal of Law and Policy for the Information Society 4(3):9–42

Dahl R (1972) Polyarchy: Participation and Opposition. Yale University Press

De Zúñiga GH, Puig-I-Abril E, Rojas H (2009) Weblogs, traditional sources online and political participation. New Media & Society 11(4):553–574

Dykstra CA (1939) The Quest for Responsibility. American Political Science Review 33(1):1–25

Gasperoni G (2013) Review of Current Issues and Challenges in Political Opinion Polling. Rivista Italiana di Scienza Politica 2:277–292

Gearhart S, Zhang W (2013) Gay Bullying and Online Opinion Expression: Testing Spiral of Silence in the Social Media Environment, Social Science Computer Review September, doi:10.1177/0894439313504261

Goidel K (2011) Public Opinion Polling in a Digital Age: Meaning and Measurement. In: Goidel K. Political Polling in the Digital Age: The Challenge of Measuring and Understanding Public Opinion, Baton Rouge, Louisiana State University Press: 11–27

Hilbert M (2009) The maturing concept of e-democracy: From e-voting and online consultations to democratic value out of jumbled online chatter. Journal of Information Technology & Politics 6(2):87–110

Hindman M (2009) The Myth of Digital Democracy. Princeton, NJ: Princeton University Press

Khazaeli S, Stockemer D (2013) The Internet: A new route to good governance. International Political Science Review 34(5):463–482

King G, Pan J, Roberts ME (2013) How Censorship in China Allows Government Criticism but Silences Collective Expression. American Political Science Review 107(2):1–18

Lupi G, Patelli P, Simeone L, Iaconesi S (2012) Maps of Babel, Urban Sensing through User Generated content. In Human Cities Symposium 2012 Reclaiming Public Space

Mair P (2006) Polity scepticism, party failings, and the challenge to European democracy. Wassenaar, The Netherlands: NIAS

McCombs ME, Shaw DL (1972) The Agenda-Setting Function of Mass Media. Public Opinion Quarterly 36(2):176–187

McLaren N, Shanbhogue R (2011) Using internet search data as economic indicators. Bank of England Quarterly Bulletin. Q2 2011, pp 134–140

Noesselt N (2013) Microblogs in China: Bringing the State Back. In GIGA Working Papers, p 213

Östman J (2012) Information, expression, participation: How involvement in user-generated content relates to democratic engagement among young people. New Media & Society 14(6):1004–1021

Papacharissi Z (2002) The virtual sphere: the Internet as a public sphere. New Media & Society 4(1):9–27

Parmelee JH (2013) The agenda-building function of political tweets. New Media Society. doi:10.1177/1461444813487955

Pollitt C, Bouckaert G (2011) Public management reform: A comparative analysis-new public management, governance, and the Neo-Weberian state. Oxford University Press: New York

Riker WH (1988) Liberalism Against Populism: A Confrontation Between the Theory of Democracy and the Theory of Social Choice, Waveland Pr Inc

Sakaki T, Okazaki M, Matsuo Y (2013) Earthquake Shakes Twitter Users: Real-time Event Detection by Social Sensors. Knowledge and Data Engineering, IEEE Transactions 25(4):919–931

Scharkow M, Vogelgesang J (2011) Measuring the Public Agenda using Search Engine Queries. International Journal of Public Opinion Research 23(1):104–113

Scheufele DA, Tewksbury D (2007) Framing, Agenda Setting, and Priming: The Evolution of Three Media Effects Models. Journal of Communication 57(1):9–20

Shamma D, Kennedy L, Churchill E (2009) Tweet the debates: Understanding community annotation of uncollected sources. In Proceedings of the Orst SIGMM workshop on Social media. New York, NY: ACM, pp 3–10

Sunstein CR (2002) The Law of Group Polarization. Journal of Political Philosophy 10(2):175–195

WorldBank (2011) Definition of E-Government,
URL: http://ow.ly/pGRBo

# Sxi – Springer per l'Innovazione
# Sxi – Springer for Innovation

1. L. Cinquini, A. Di Minin, R. Varaldo (Eds.)
   Nuovi modelli di business e creazione di valore: la Scienza dei Servizi
   2011, xvi+254 pp, ISBN 978-88-470-1844-0

2. H. Chesbrough
   Open Services Innovation – Competere in una nuova era
   2011, xiv+216 pp, ISBN 978-88-470-1979-9

3. G. Conti, M. Granieri, A. Piccaluga
   La gestione del trasferimento tecnologico. Strategie, modelli e strumenti
   2011, x+218 pp, ISBN 978-88-470-1901-0

4. M. Bianchi, A. Piccaluga (Eds.)
   La sfida del trasferimento tecnologico: le Università italiane
   si raccontano
   2012, xviii+194 pp, ISBN 978-88-470-1976-8

5. M. Granieri, A. Renda
   Innovation Law and Policy in the European Union. Towards
   Horizon 2020
   2012, xii+198 pp, ISBN 978-88-470-1916-4

6. P. Quintela, A.B. Fernández, A. Martínez, G. Parente, M.T. Sánchez
   TransMath. Innovative Solutions from Mathematical Technology
   2012, xii+162 pp, ISBN 978-88-470-2405-2

7. F. Coltorti, R. Resciniti, A. Tunisini, R. Varaldo (Eds.)
   Mid-sized Manufacturing Companies: The New Driver of Italian
   Competitiveness
   2013, xiv+192 pp, ISBN 978-88-470-2588-2

8. L. Cinquini, A. Di Minin, R. Varaldo (Eds.)
   New Business Models and Value Creation: A Service Science Perspective
   2013, xvi+214 pp, ISBN 978-88-470-2837-1

9. A. Ceron, L. Curini, S.M. Iacus
   Social Media e Sentiment Analysis. L'evoluzione dei fenomeni sociali attraverso la Rete
   2014, xviii+128 pp, ISBN 978-88-470-5531-5

http://www.springer.com/series/10062

**Editor at Springer:** francesca.bonadei@springer.com

The manufacturer's authorised representative in the EU is Springer Nature Customer Service Centre GmbH, Europaplatz 3, 69115 Heidelberg, Germany. If you have any concerns regarding our products, please contact ProductSafety@springernature.com

Printed and bound by CPI Group (UK) Ltd, Croydon, CR0 4YY
25/03/2026
02078222-0005